冶金工业出版社

普通高等教育“十四五”规划教材

材料科学基础实验

主　编　于心泷
副主编　陈桂娟　梁　言　徐　岩
主　审　王　勇

北京
冶　金　工　业　出　版　社
2025

内容提要

本书围绕材料科学的基础知识展开，详细介绍了工程材料的实验技术与方法，书中内容涵盖金属学、金属材料及其热处理、材料的力学性能、金属断口分析、材料微观分析技术、无损检测等多个课程的标准实验。

本书不仅阐述了各实验的基本理论，还详细介绍了实验的具体操作方法，适用于材料成型及控制工程专业的金属材料工程系列课程实验教学，同时也可作为相关专业技术人员的重要参考书。

图书在版编目（CIP）数据

材料科学基础实验 / 于心泷主编. -- 北京 : 冶金工业出版社, 2025. 4. -- (普通高等教育“十四五”规划教材). -- ISBN 978-7-5240-0137-9

Ⅰ. TB3-33

中国国家版本馆 CIP 数据核字第 2025YC5729 号

材料科学基础实验

出版发行 冶金工业出版社　**电　话**（010）64027926
地　址 北京市东城区嵩祝院北巷 39 号　**邮　编** 100009
网　址 www. mip1953. com　**电子信箱** service@ mip1953. com

责任编辑 夏小雪　美术编辑 吕欣童　版式设计 郑小利
责任校对 葛新霞　责任印制 禹 蕊
三河市双峰印刷装订有限公司印刷
2025 年 4 月第 1 版，2025 年 4 月第 1 次印刷
710mm×1000mm 1/16；12. 5 印张；242 千字；190 页
定价 42. 00 元

投稿电话 （010）64027932 投稿信箱 tougao@ cnmip. com. cn
营销中心电话 （010）64044283
冶金工业出版社天猫旗舰店 yjgycbs. tmall. com
（本书如有印装质量问题，本社营销中心负责退换）

前　言

实验和试验研究对于工科大学生来说是基本的知识和技能，也是学习与掌握专业技能的关键环节。材料类专业不仅要求学生具备扎实的理论基础，还要求他们具备广泛的实践操作能力。因此，实验教学的重要性日益凸显。传统的实验教学通常分布在不同课程中，这种分散的方式使得课程之间的联系不够紧密，且存在内容上的重复。为了使材料科学基础实验教学既与相关课程紧密结合，又保持其独特性，并满足开放实验室对实验教学的需求，我们编写了本书。

在实验内容的选择上，我们尽可能安排以全面提高学生实验技能为主的常规基础实验。全书共分为六章。第一章材料金相组织分析实验，涵盖金相显微镜的使用、金相试样的制备方法、铁碳合金和不同金属合金的组织观察与分析；第二章材料工艺实验，包括焊接等金属加工实验，探索材料成型工艺和设备操作；第三章材料热处理实验，着重于钢的热处理过程，包括普通热处理、淬火、回火、渗碳和渗氮，以及这些处理对材料力学性能的影响；第四章机械工程材料性能实验，研究碳钢的性能，进行冲击、硬度测试、磨损和拉伸实验；第五章宏观组织检验及断口分析实验，包括钢的酸蚀检验、印痕法、液体渗透着色法检验，以及断口的宏观和显微分析；第六章无损检测实验，介绍内部和表层缺陷的无损检测方法，包括新技术的应用和零件热处理质量的无损检测。每章都围绕特定的实验技术或材料性能测试，旨在深化学生对材料科学与工程实践的理解及其应用能力。

本书由于心泷担任主编，陈桂娟、梁言、徐岩担任副主编，王勇担任主审。其中，于心泷编写第一、三、四章，陈桂娟编写第二章，梁言编写第五章，徐岩编写第六章。本书在编写过程中参考了有关文献资料，在此向相关文献作者表示衷心感谢！

由于编者水平有限，书中不妥之处，敬请读者批评指正。

于心泷

2024年11月15日

学生实验守则

为确保实验课程的顺利进行和实验室环境的安全卫生，学生在实验室中应遵守以下规定：

1. 必须准时抵达实验室，严禁迟到或早退。

2. 必须遵守实验室的规章制度，保持环境肃静与清洁，禁止吸烟、随地吐痰或乱扔垃圾。

3. 应提前阅读实验指导书并做好准备工作，实验前需通过指导教师的提问和检查。

4. 在开始使用任何仪器设备之前，必须得到指导教师的许可。

5. 实验过程中应细心观察，认真记录数据，严禁抄袭或伪造数据，不得擅自离开实验岗位。

6. 注意实验安全，严格按照操作规程行事，节省水电及其他资源。

7. 禁止使用与本次实验无关的仪器设备和其他室内设施。

8. 如遇实验事故，保持冷静并立即向指导教师报告。

9. 对于任何设备、器皿或工具的损坏，应主动报告损坏情况，并根据指导教师的评估接受相应的处理。

10. 实验结束后，应将数据提交给指导教师审查并签字确认，确保使用过的设备和仪器干净整齐、场地清洁，并在得到指导教师许可后方可离开实验室。

遵守这些规定将有助于维护实验室的良好运行和学生的学习效果。

目　录

第一章 材料金相组织分析实验

实验一 金相显微镜的构造及使用

一、实验目的

(1) 了解金相显微镜的光学原理和构造。
(2) 初步掌握金相显微镜的使用方法。
(3) 学习利用金相显微镜进行显微组织分析。

二、实验原理

利用金相显微镜观察金属及合金的内部组织及缺陷是在金属材料的研究方法中最基本的一种实验技术。它在金相研究领域中占有很重要的地位，利用金相显微镜在专门制备的试样上放大100~1500倍研究金属及合金的组织与缺陷的方法称为金属的显微分析法。显微分析可以研究金属及合金的组织及其化学成分的关系；可以确定各类金属经不同的加工与热处理后的显微组织；可鉴别金属材料质量的优劣，如各种非金属夹杂物（氧化物、硫化物等）在组织中的数量及分布情况，以及金属晶粒度大小等。

在进行显微分析时，使用的主要仪器是金相显微镜。金相显微镜主要是利用光线反射将不透明物体（如金属、岩石、塑料等）放大后进行观察研究的。在讨论金相显微镜的构造和应用之前，先简要地介绍一些有关金相显微镜的基本理论。

三、实验设备

（一）金相显微镜的构造

金相显微镜的种类和型式很多，最常见的型式可分为台式、立式和卧式金相显微镜三大类。金相显微镜的构造通常由光学系统、照明系统和机械系统三大部分组成，有的显微镜还附设有照相摄影装置，下面对这三个系统分别进行介绍。

1. 光学系统

光学系统主要包括物镜和目镜。

(1) 物镜。物镜在金相显微镜中是主要的且是最重要的组成部分，它是由许多不同形状、不同种类的玻璃制成的透镜组成的。位于物镜前端的透镜是一块平凸的玻璃，叫做前端透镜，其他位于前端透镜之后的透镜叫做校正透镜。前端透镜的用途是放大，校正透镜是用来校正前端透镜所引起的光学上的缺陷。

（2）目镜。目镜可分为普通的、校正的及投影的目镜。普通目镜构造最简单，由两个平凸透镜组成。两个平凸透镜间放一光圈，安装光圈是为了限制显微镜的视场，它也能限制边缘的光线。

校正目镜能够补偿透镜光学上的缺陷，通常在镜筒上标有“C”或“卡”字样。

2. 照明系统

各种型号的金相显微镜的照相原理基本相同，但有不同的结构，现以重庆光学仪器厂生产的 XJP-2B 型金相显微镜光学系统（见图 1-1）为例进行说明。

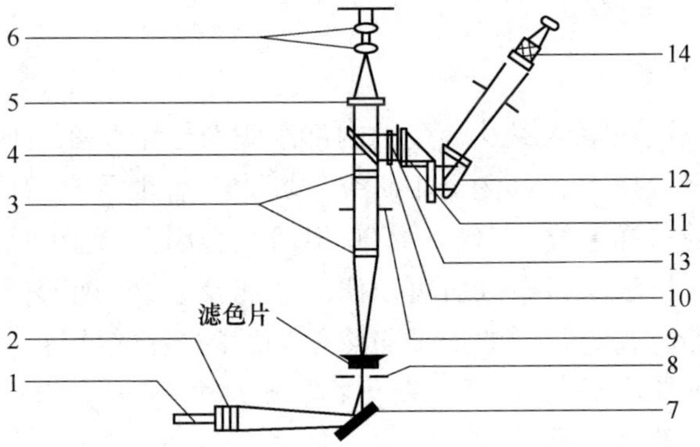

图 1-1　XJP-2B 型金相显微镜光学系统

1—灯泡；2—聚光镜组（一）；3—聚光镜组（二）；4—半透反光镜；5—辅助物镜组（一）；6—物镜组；7—反光镜；8—孔径光阑；9—视场光阑；10—辅助物镜组（二）；11—棱镜；12—半五角棱镜；13—消杂光阑；14—目镜组

由灯泡 1 发出一束光线，经聚光镜组 2 的会聚及反光镜 7 的反射，将光线聚集在孔径光阑 8 上，之后经过聚光镜组 3 再度将光线聚集在物镜的后焦面上，最后光线通过物镜使试样表面得到充分均匀的照明，从试样反射回来的光线复经物镜组 6、辅助物镜组 5、半透反光镜 4、辅助物镜组 10 以及棱镜 11 和半五角棱镜 12 等形成一个被观察物体的倒立的放大实像，该像再经过目镜组 14 的两次放大，观察者就能在目镜视场中看到试样表面最后被放大的影像。

3. 机械系统

XJP-2B 型金相显微镜的外形如图 1-2 和图 1-3 所示，下面分别对其各部件的功能及使用进行介绍。

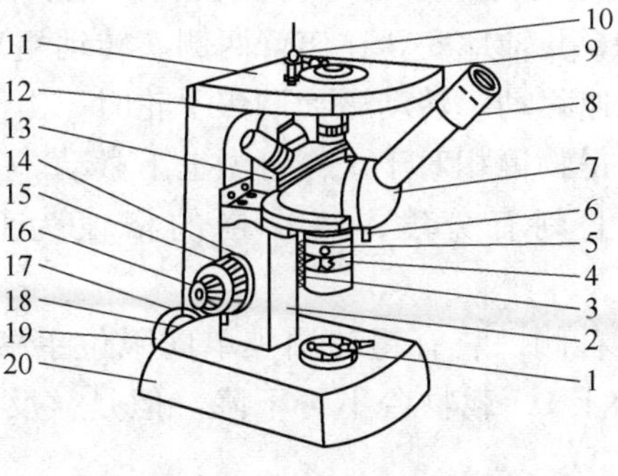

图 1-2　XJP-2B 型金相显微镜（1）

1—孔径光阑；2—粗微动座；3—松紧调节手轮；4—视场光阑；5—调节螺钉；6—固定螺钉；7—单筒目镜管组；8—目镜筒；9—平台手轮；10—试样压片组；11—载物台；12—物镜；13—转换器；14—限位手柄；15—粗动调焦手轮；16—微动调焦手轮；17—滚花螺钉；18—偏心圈；19—灯座；20—底座

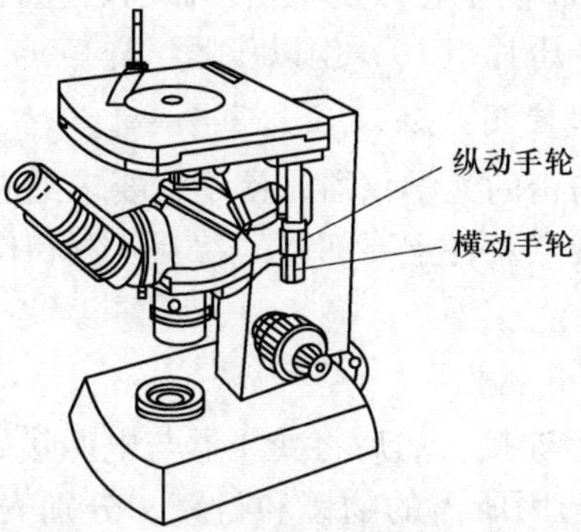

图 1-3　XJP-2B 型金相显微镜（2）

（1）底座组。底座组是该仪器的主要组成部分之一，底座后端装有低压灯泡作为光源，利用灯座孔上面两侧斜向布置的两个滚花螺钉，可使灯泡做上下和左右移动；转松压有直纹的偏心圈，灯座就可带着灯泡前后移动，然后转紧偏心圈，灯座就可紧固在灯座孔内。

灯前有聚光镜、反光镜和孔径光阑组成的部件，这组装置仅是照明系统的一部分，其余尚有视场光阑及另外安装在支架上的聚光镜。通过以上一系列透镜及物镜本身的作用，从而使试样表面获得充分均匀的照明。

（2）孔径光阑和视场光阑。孔径光阑 1 安装在照明反射座上面，调整孔径光阑能够控制入射光束的粗细，以保证物像达到清晰的程度。视场光阑 4 设在物镜支架下面，其作用是控制视场范围，使目镜视场明亮而无阴影。

（3）调焦装置。调焦机构采用钢球行星机构，粗、微动同轴，粗动调焦手轮15及微动调焦手轮16共轴地安置在弯臂两侧。转动粗动调焦手轮时，使物镜相对于工作台做上下迅速移动。转动微动调焦手轮时，由于滚动摩擦，钢球做行星运动，带动粗动轴使得物镜相对于工作台做上下微动。

右微动调焦手轮上刻有分度，每小格的格值为0.002 mm，估读值为0.001 mm。

在左粗动调焦手轮右侧，装有粗动调焦单向限位手柄14。当限位手柄顺时针转动锁紧后（手柄向上），载物台不再下降。但是，反向转动粗动调焦手轮，载物台仍可迅速上升。

（4）物镜转换器。转换器13呈球面形，上面有3个螺孔，可安装不同放大倍数的物镜，旋动转换器可使各物镜镜头进入光路，与不同的目镜搭配使用，可获得各种放大倍数。

（5）目镜筒。目镜筒8成45°倾斜安装在附有棱镜的单筒目镜管组7。

（6）载物台。载物台11用于放置金相试样，其采用机械移动式，在载物台右下方有一平台手轮9，转动手轮可使载物台做前后左右移动。

载物台上可安装试样压片组10，用以压紧试样。

（二）金相显微镜的使用方法及注意事项

金相显微镜是一种精密的光学仪器，使用时要求细心谨慎。在使用显微镜之前，首先应熟悉其构造特点及各主要部件的相互位置和作用，然后按显微镜的使用规程进行操作。

1. 金相显微镜的使用规程

（1）将灯源与变压器连接，然后将变压器与电源接好，再接通电源。

（2）根据放大倍数选用所需的物镜和目镜，分别安装在物镜座上及目镜筒内，并使转换器转至固定位置。

（3）将试样放在样品台中心，使观察面朝下。

（4）转动粗调手轮先使载物台下降，同时用眼观察，使物镜尽可能接近试样表面（但不得与试样相碰），然后相反转动粗调手轮，使载物台渐渐上升以调节焦距，当视场亮度增强时，再改用微调手轮调节，直到物像调至最清晰程度为止。

（5）适当调节孔径光阑，以获得最佳质量的物像。

2. 注意事项

（1）操作时必须特别细心，不能有任何剧烈的动作，光学系统不允许自行拆卸。

（2）显微镜镜头的玻璃部分和试样磨面严禁手指直接接触，若镜头中落有灰尘，可用镜头纸或软毛刷轻轻擦拭。

（3）在旋转粗调（或微调）手轮时动作要慢，碰到某种阻碍时应立即停止操作，报告指导教师查找原因，不得用力强行转动，否则会损害机件。

（三）金相显微摄影的操作过程

金相显微摄影在蔡司 ZEISSAxiovert25CA 型金相显微镜上进行，该显微镜属倒立式光程，配有转轴式双筒目镜组。本次摄影时的配置为：物镜 5 ×、10 × 和 50 ×，目镜 10 ×，总放大倍数 50 × ~ 500 ×，孔径光阑调至中等大小，视场光阑调至略大于目镜筒，如图 1-4 所示。数码相机采用尼康 NikonD5100 单反相机。

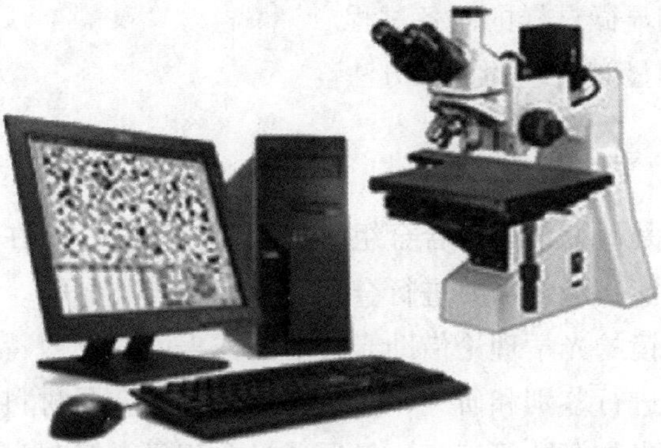

图 1-4　金相显微镜及所配摄影装置

（1）将样品台高度调节至贴近物镜的上方，然后再将试样放在样品台中心孔处眼睛从目镜中观察，同时细心旋转粗调（焦）旋钮，使样品台缓慢上升，当视场中显现影像后，再通过细调旋钮调节使图像最清晰。

（2）通过数码接口装置连接数码相机，接通数码相机的光路，检查数码相机的工作方式置于自动挡。然后，从数码相机的液晶屏上查看金相组织的成像情况，必要时可再做调整。当确认无误后，先半按住数码相机照相快门，待相机自动聚焦后，再将快门全部按下，金相组织即被摄录。

（3）数码相机摄取的金相组织保留在相机内部的存储器中，可通过 USB 接口传输至计算机和相应的打印机进行打印，从而获得金相组织的图像。

四、实验报告

（1）画出 XJP-2B 型光学系统图。

（2）简要说明光学显微镜的使用方法。

（3）简述显微镜的维护方法。

五、思考题

（1）简述金相显微镜的基本构造，各部分的功能是什么？

（2）金相显微镜的放大倍数是如何计算的，它对观察结果有哪些影响？

（3）通过金相显微镜的观察和分析，可以获得哪些有关金属材料的信息，这些信息对于实际生产有哪些指导意义或应用价值？

实验二 金相显微试样制备方法

一、实验目的

（1）掌握金相显微试样的制备过程。

（2）掌握金相显微组织的显示方法。

二、实验原理

金相显微分析是研究金属和合金组织的主要方法之一，在生产实际中，为了探索金属材料的性能，经常需要进行金相组织的检查和分析。金相分析的基本原理是利用金相显微镜的光学理论借助光线对试样表面的反射特点来进行观察。为了对金相显微组织进行鉴别和研究，需要将所分析的金属材料制备成一定尺寸的试样，并经磨制抛光与腐蚀等工序，最后通过金相显微镜观察和分析金属的显微组织状态及分布情况。金相试样制备的质量好坏，直接影响组织观察的结果。如果试样制备不符合特定的要求，就有可能由于出现假象而产生错误的判断，使整个分析得不到正确的结论。因此，为得到合乎理想的金相显微试样，需要经过一系列的制备过程。

金相显微试样的制备过程包括以下工序：取样、镶嵌、磨制、抛光、侵蚀等，下面对各道工序进行简要说明。

（一）取样

取样是进行金相显微分析中很重要的一个步骤，显微试样的选取应根据研究的目的，取其具有代表性的部位。例如，在检验和分析失效零件的损坏原因时（废品分析），除了损坏部位取样外，还需要在距破坏处较远的部位截取试样，以便进行比较；在研究铸件组织时，由于偏析现象的存在，必须从表面层到中心同时取样进行观察；对于轧制和锻造材料则应同时截取横向（垂直于轧制方向）及纵向（平行于轧制方向）的金相试样，以便于分析比较表层缺陷及非金属夹杂物的分布情况；对于一般经热处理后的零件，由于金相组织比较均匀，试样截取可在任一截面进行，确定好部位后就可把试样截下，试样的尺寸通常采用 $\phi12 \sim 15$ mm、高度（或边长）为 $12 \sim 15$ mm 的圆柱体或方形试样，如图 1-5 所示。

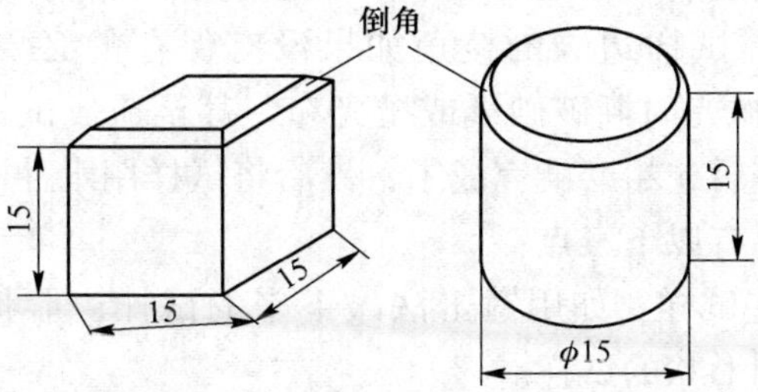

图 1-5　金相试样的尺寸（单位：mm）

试样的截取方法视材料的性质不同而异，软的金属可用手锯或锯床切割；对硬而脆的材料（如白口铸铁）则可用锤击打下；对极硬的材料（如淬火钢）则可采用砂轮切片机或电脉冲加工等切割。但是，不论采用哪种方法，在切取过程中均不宜使试样表面温度过于升高，以免引起金属组织的变化，影响分析结果。

（二）镶嵌

对于尺寸过于细小的金属丝、片及管等，用手来磨制，显然很困难，需要使用试样夹或利用样品镶嵌机把试样镶嵌在低熔点合金或塑料（如胶木粉、聚乙烯聚合树脂等）中，如图 1-6 所示。

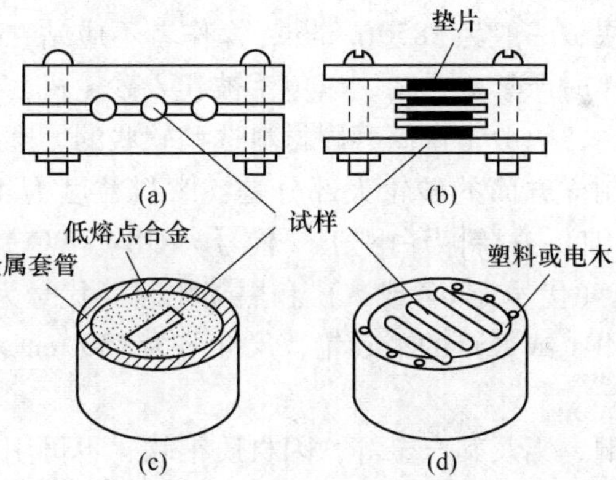

图 1-6　金相试样的镶嵌方法

（a），（b）机械镶嵌；（c）低熔点合金镶嵌；（d）塑料镶嵌

（三）磨制

试样的磨制一般分为粗磨与细磨。

1. 粗磨

粗磨的目的是获得一个平整的表面，钢铁材料试样的粗磨通常在砂轮机上进行。但在磨制时应注意：试样对砂轮的压力不宜过大，否则会在试样表面形成很

深的磨痕，从而增加细磨和抛光的困难；要随时用水冷却试样，以免受热的影响而引起组织的变化；试样边缘的棱角如果没有保存的必要，可先行磨圆（倒角），以免在细磨及抛光时撕破砂纸或抛光布，甚至造成试样从抛光机上飞出伤人。当试样表面平整后，粗磨就完成了，然后将试样用水冲洗擦干。

粗磨的目的主要有以下三点：

（1）修整。有些试样，如用锤击法敲下来的试样，形状很不规则，必须经过粗磨，修整为规则形状的试样。

（2）磨平。无论用什么方法取样，切口往往不十分平滑，为了将观察面磨平，同时去掉切割时产生的变形层，必须进行粗磨。

（3）倒角。在不影响观察目的的前提下，需将试样上的棱角磨掉，以免划破砂纸和抛光织物。

黑色金属材料的粗磨在砂轮机上进行，具体操作方法是：将试样牢牢地捏住，用砂轮的侧面磨制。在试样与砂轮接触的瞬间，尽量使磨面与砂轮面平行，用力不可过大。由于磨削力的作用往往出现在试样磨面的上半部分，磨削量偏大，所以需人为地进行调整，尽量加大试样下半部分的压力，以求整个磨面均匀受力。另外，在磨制过程中，试样必须沿砂轮的径向往复缓慢移动，防止砂轮表面形成凹沟。必须指出的是，磨削过程会使试样表面温度骤然升高，只有不断地将试样浸水冷却，才能防止组织发生变化。

砂轮机转速较快，一般为 2850 r/min，操作者不应站在砂轮的正前方，以防被飞出物击伤。操作时严禁戴手套，以免手被卷入砂轮机。

关于砂轮的选择，一般是遵照磨硬材料选稍软些的，磨软材料选稍硬些的基本原则。用于金相制样方面的砂轮大部分是：磨料粒度为 40 号、46 号、54 号、60 号（数字越大越细）；材料为白刚玉（代号为 GB 或 WA）、绿碳化硅（代号为 TL 或 GC）、棕刚玉（代号为 GZ 或 A）和黑碳化硅（代号为 TH 或 C）等；硬度为中软 1（代号为 ZR1 或 K）的平砂轮，尺寸多为 250 mm × 25 mm × 32 mm（外径 × 厚度 × 孔径）。

有色金属，如铜、铝及其合金等，因材质很软，不可用砂轮而要用锉刀进行粗磨。以免磨屑填塞砂轮孔隙，且使试样产生较深的磨痕和严重的塑性变形层。

2. 细磨

经粗磨后的试样表面虽较平整，但仍存在较深的磨痕，如图 1-7 所示。因此，细磨的目的就是消除这些磨痕，以获得一个更为平整而光滑的磨面，并为下一步抛光做准备。

粗磨后的试样，磨面上仍有较粗较深的磨痕，为了消除这些磨痕必须进行细磨。细磨可分为手工磨和机械磨两种。

（1）手工磨。手工磨是将砂纸铺在玻璃板上，左手按住砂纸，右手捏住试

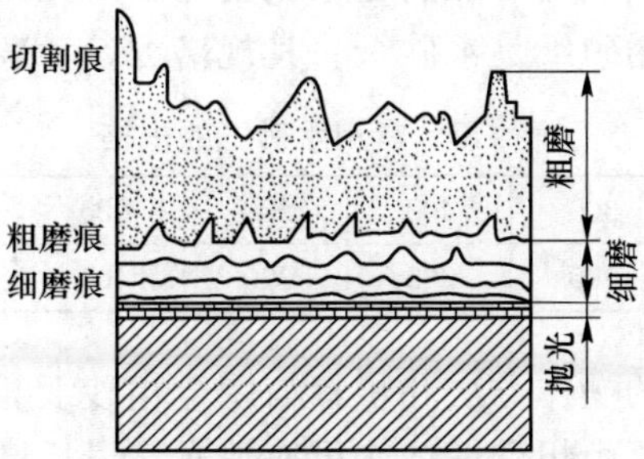

图 1-7　试样磨面上磨痕变化示意图

样在砂纸上做单向推磨。细磨时可将砂纸放在玻璃板上，手指紧握试样并使磨面朝下，均匀用力向前推行磨制，在更换另一号砂纸时，须将试样的研磨方向调转90°即与上一道磨痕方向垂直，直到把上一道砂纸所产生的磨痕全部消除为止。

金相砂纸由粗到细的规格可参考表 1-1。

表 1-1　常见金相砂纸的规格

金相砂纸编号	01	02	03	04	05	06
粒度序号	M28	M20	M14	M10	M7	M5
砂粒尺寸/μm	28 ~ 20	20 ~ 14	14 ~ 10	10 ~ 7	7 ~ 5	5 ~ 3.5

用砂轮粗磨后的试样，要依次由 01 号磨至 05 号（或 06 号）砂纸。操作时必须注意以下事项：

1）加在试样上的力要均匀，使整个磨面都能磨到。

2）在同一张砂纸上磨痕方向要一致，并与前一道砂纸磨痕方向垂直，待前一道砂纸磨痕完全消失时才能换用下一张砂纸。

3）每次更换砂纸时，必须将试样、玻璃板清理干净，以防将粗砂粒带到细砂纸上。

4）磨制时不可用力过大；否则，一方面因磨痕过深增加下一道磨制的困难，另一方面因表面变形严重影响组织的真实性。

5）砂纸的砂粒变钝，磨削作用明显下降时，不宜继续使用，否则砂粒在金属表面产生的滚压会增加表面变形。

6）磨制铜、铝及其合金等软材料时，用力更要轻，可同时在砂纸上滴些煤油，以防脱落砂粒嵌入金属表面。

用金相砂纸手工磨制时不能加水，因为金相砂纸所用胶黏剂溶于水。但是，在干磨过程中，脱落的砂粒和金属磨屑留在砂纸上，随着移动的试样来回滚动，砂粒间的相互挤压以及金属屑黏在砂粒缝隙中，都会使砂纸磨削寿命减短，试样表面变形层严重，摩擦生热还可能引起组织变化。为克服干磨的弊端，目前多采用手工湿磨的方法，所用砂纸是水砂纸，其规格可参考表 1-2。

表 1-2 常用水砂纸的规格

水砂纸序号	240	300	400	500	600	800	1000	1200
粒度序号	160	200	280	320	400	600	800	1000

用水砂纸手工磨制的操作方法和步骤与用金相砂纸磨制相同，只是将水砂纸置于流动水下边冲边磨。由粗到细依次更换数次，最后磨到 1000 号或 1200 号砂纸，因为水流会不断地将脱落的砂粒、磨屑冲掉，所以砂纸的磨削寿命较长。实践证明：试样磨制的速度快、质量高，有效地弥补了干磨的不足。

砂纸磨光表面变形层消除过程如图 1-8 所示。

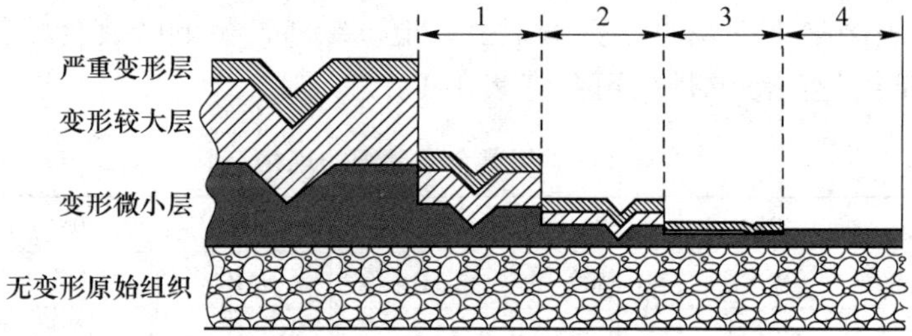

图 1-8 砂纸磨光表面变形层消除过程示意图

1—第一步磨光后试样表面的变形层；2—第二步磨光后试样表面的变形层；3—第三步磨光后试样表面的变形层；4—第四步磨光后试样表面的变形层

（2）机械磨。目前普遍使用的机械磨设备是预磨机，电动机带动铺着水砂纸的圆盘转动，磨制时，将试样沿盘的径向来回移动，用力要均匀，边磨边用水冲。水流既起到冷却试样的作用，又可以借助离心力将脱落砂粒、磨屑等不断地冲到转盘边缘，机械磨的磨削速度比手工磨制快得多，但平整度不够好、表面变形层也比较严重。因此要求较高的或材质较软的试样应采用手工磨制。机械磨所用水砂纸规格与手工湿磨相同（可参考表 1-2）。

（四）抛光

细磨后的试样还需进行最后一道磨制工序——抛光。抛光的目的是去除细磨后遗留在磨面上的细微磨痕，得到光亮无痕的镜面。抛光的方法包括机械抛光、电解抛光和化学抛光三种，其中最常用的是机械抛光。

1. 机械抛光

机械抛光在抛光机上进行，将抛光织物（粗抛常用帆布，精抛常用毛呢）用水浸湿，铺平、绷紧并固定在抛光盘上。启动开关使抛光盘逆时针转动，将适量的抛光液（Al_2O_3、PbO 或 Fe_2O_3 抛光粉加水的悬浮液）滴洒在盘上即可进行抛光。

抛光机的主要结构由电动机和水平抛光盘组成，转速为 300～500 r/min。抛光盘上铺以细帆布、呢绒、丝绸等，抛光时在抛光盘上不断滴注抛光液，抛光液通常采用 Al_2O_3、MgO 或 Cr_2O_3 等细粉末（粒度为 0.3～1 μm）在水中的悬浮液（每升水中加入 Al_2O_3 5～10 g）或采用由极细钻石粉制成的膏状抛光剂等。

机械抛光就是靠极细的抛光粉末与磨面间产生的相对磨削和滚压作用来消除磨痕的。操作时将试样磨面均匀地压在旋转的抛光盘上（可先轻后重），并沿盘的边缘到中心不断做径向往复移动，抛光时间为 3～5 min。最终抛光后，试样表面应看不出任何磨痕而呈光亮的镜面。需要指出的是，抛光时间不宜过长，压力也不可过大，否则将会产生紊乱层而导致组织分析得出错误的结论。

抛光时应注意以下事项：

（1）试样沿盘的径向往返缓慢移动，待抛光快结束时做短时定位轻抛。

（2）在抛光过程中，要经常滴加适量的抛光液或清水，以保持抛光盘的湿度。当发现抛光盘过脏或带有粗大颗粒时，必须将其冲刷干净后再继续使用。

（3）抛光时间应尽量缩短，不可过长，为满足这一要求可分为粗抛和精抛两步进行。

（4）抛光有色金属（如铜、铝及其合金等）时，最好在抛光盘上涂少许肥皂或滴加适量的肥皂水。

机械抛光与细磨本质上都是借助磨料尖角锐利的刃部，切去试样表面隆起的部分。抛光时，抛光织物纤维带动稀疏分布的极磨细的磨料颗粒产生磨削作用，将试样抛光。

目前，人造金刚石研磨膏（最常用的有 W0.5、W1.0、W1.5、W2.5、W3.5 五种规格的溶水性研磨膏）代替抛光液，正得到日益广泛的应用。用极少的研磨膏均匀涂在抛光织物上进行抛光，抛光速度快、质量也好。

2. 电解抛光

电解抛光装置示意图如图 1-9 所示。阴极用不锈钢板制成，试样本身为阳极，二者同处于电解抛光液中，接通回路后在试样表面形成一层高电阻膜，由于试样表面高低不平，膜的厚薄也不同。试样表面凸起部分膜薄，电阻小，电流密度大，金属溶解速度快。相对而言，凹下部分溶解速度慢，这种选择性溶解结果使试样表面逐渐平整，最后形成光滑表面。

电解抛光是一个纯化学溶解过程，因此它消除了机械抛光难以避免的疵病，不会引起试样表面变形。与机械抛光相比较，既省时间又操作简便。然而，电解抛光也有其局限性，因其对材料化学成分不均匀的偏析组织以及非金属夹杂物等比较敏感，会造成局部强烈侵蚀而形成斑坑。另外，镶嵌在塑料内的试样，因不导电也不适用，目前仍然以机械抛光为主。

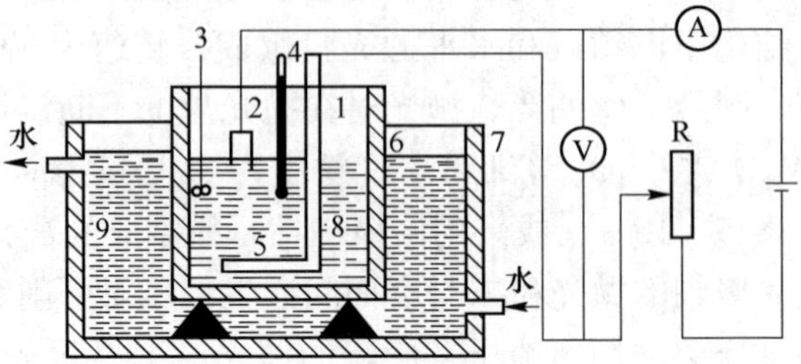

图 1-9 电解抛光装置示意图

1—阴极；2—试样阳极；3—搅拌器；4—温度计；5—阴极；
6—电解槽；7—冷却槽；8—电解液；9—冷却液

电解抛光时，先按要求配制好电解抛光液。将待抛试样表面浸入抛光液中，接通电源，按规范调整到所需电压、电流，一般只需十几秒至几十秒即可取出。取出后立即用流动水冲洗干净，而后吹干即可。如果抛光过程中已同时具有侵蚀作用，可省去抛光后的侵蚀步骤。铜合金、铝合金、奥氏体不锈钢及高锰钢等材料常用电解抛光。

3. 化学抛光

化学抛光是依靠化学试剂对试样表面凹凸不平区域的选择性溶解作用将磨痕去除的一种方法。化学抛光不需要专用设备，具有成本低、操作方便等优点。在抛光的同时还兼有化学侵蚀作用，省掉了抛光后的侵蚀步骤。但是化学抛光的试样平整度略差些，仅适于低、中倍观察。

对于一些软金属，如锌、铅、锡、铜等，实践证明，利用化学抛光要比机械抛光和电解抛光效果好。目前，其应用范围在逐渐扩大。

化学抛光液，大多数由酸或者混合酸（如草酸、磷酸、铬酸、醋酸、硝酸、硫酸、氢氟酸等），过氧化氢（H_2O_2）及蒸馏水组成。混合酸主要起化学溶解作用，H_2O_2 能增进金属表面的活化性，有助于化学抛光的进行，而蒸馏水为稀释剂。

抛光结束后用水冲洗试样并用棉花擦干或吹风机吹干，若只需观察金属中的各种夹杂物或铸铁中的石墨形状时，可将试样直接置于金相显微镜下进行观察。

（五）侵蚀

经抛光后的试样磨面，如果直接放在显微镜下观察，能看到的只是一片光亮，除某些夹杂物或石墨外，无法辨别出各种组织的组成物及其形态特征。因此，必须使用侵蚀剂对试样表面进行“侵蚀”，才能清楚地显示出显微组织。

最常用的金相组织显示方法是化学侵蚀法。化学侵蚀法的主要原理是：利用侵蚀剂对试样表面引起的化学溶解作用或电化学作用（局部电池原理）来显示金属的组织，如图 1-10 所示。它们的侵蚀方式则取决于组织中组成相的性质和数量。

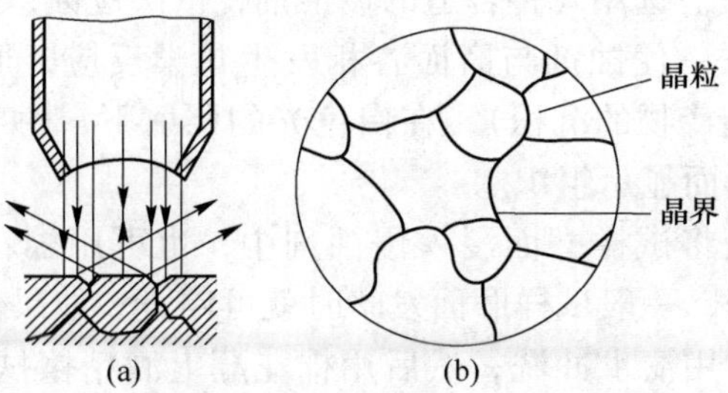

图 1-10　侵蚀显示原理示意
（a）晶界处光线的散射；（b）组织显示（直射光反映为亮色晶粒，散射光反映为晶界）

对于纯金属或单相合金，侵蚀仍是一个纯化学溶解过程。由于晶界上原子排列的规律性差，具有较高的自由能，所以晶界处较易侵蚀而呈凹沟。若侵蚀较浅，则在金相显微镜下可显示出纯金属或固溶体的多面体晶粒，如图 1-11 所示。若侵蚀较深，则在金相显微镜下可显示出明暗不一的晶粒。这是由于各晶粒位向不同，溶解速度不同，侵蚀后的金相显微平面与原磨面的角度不同，在垂直光线照射下，反射光线方向不同，因此显示出明暗不一。

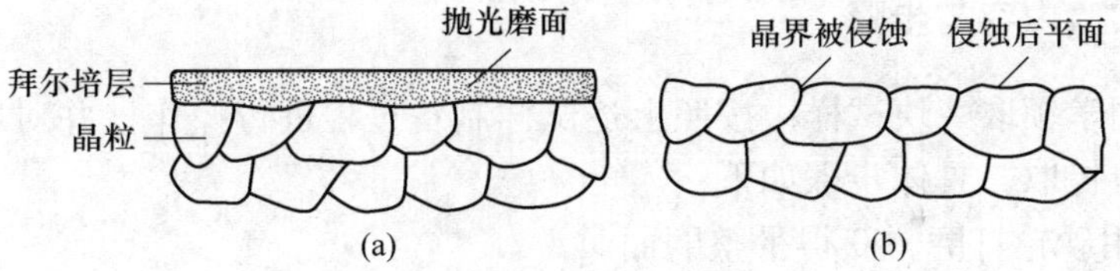

图 1-11　纯金属及单相合金化学侵蚀时各阶段的情况
（a）侵蚀；（b）晶界侵蚀

二相合金的侵蚀主要是一个电化腐蚀过程。两个组成相具有不同的电位，在侵蚀剂（电解液）中，形成极多的微小局部电池，较高负电位称为阳极，被迅速溶入电解液中，逐渐凹下去；较高正电位的另一相称为阴极，保持原光滑平面，在金相显微镜下可清楚显示出两相，如图 1-12 所示。

图 1-12　二相合金的侵蚀示意图
（a）Sn-Sb 合金；（b）珠光体组织

多相合金的侵蚀，也是一个电化溶解过程。其方法如下：

（1）选择侵蚀法。选用几种合适的侵蚀剂，依次侵蚀，使各相均被显示。

（2）薄膜侵蚀法。侵蚀剂与磨面各相发生化学反应，形成一层厚薄不均匀的氧化膜层（或反应产物的沉积），在白色光的照射下，由于光的干涉现象，使得各相出现不同色彩而显示组织。

侵蚀方法通常是将试样磨面浸入侵蚀剂中，也可用棉花蘸上侵蚀剂擦拭表面，浸渍时间要适当，一般试样磨面发暗时就可停止。如果侵蚀不足，可重复侵蚀，侵蚀完毕后立即用清水冲洗，然后用棉花蘸上酒精擦拭磨面并吹干。至此，金相试样的制备工作全部结束，即可在金相显微镜下进行组织观察和分析研究。

钢及铸铁等黑色金属最常用的侵蚀剂为硝酸酒精溶液［硝酸的体积分数 $\varphi(HNO_3)=4\%$，习惯写为4%硝酸酒精溶液］。

侵蚀后的试样在金相显微镜下进行观察时，如果发现表面变形严重影响组织的清晰度，可采取反复抛光、侵蚀的办法去除变形层。

三、实验设备及材料

砂轮机、镶嵌机、抛光机、金相显微镜、水砂纸（150号、400号、800号、1200号等）、金相砂纸（6号、8号、10号、14号、20号等）、抛光膏、硝酸、酒精。

四、实验内容与步骤

每名同学领取一块试样，按照上述试样制备过程进行操作，并对所制备的金相组织进行提取，具体步骤如下：

（1）用砂轮打磨，获得平整磨面。

（2）使用金相砂纸按照先粗后细顺序依次进行磨制。

（3）在抛光机上进行抛光，获得光亮镜面。

（4）用侵蚀剂侵蚀试样磨面。

（5）用金相显微镜观察试样。

（6）对所制备的金相组织进行照片提取，分析组织。

注：在操作时必须遵照每一步骤中的要点及注意事项。

五、实验报告

（1）简述试样的制备过程。

（2）简述金相试样制备要点及注意事项。

六、思考题

（1）侵蚀过程中，如何确定侵蚀剂的种类和腐蚀时间？

（2）为什么在观察金相显微结构前需要确保试样表面完全干净以及无划痕？

（3）金相试样制备中的常见问题及其解决策略是什么？

实验三　铁碳合金平衡组织观察与分析

一、实验目的

（1）掌握铁碳合金的平衡组织。

（2）掌握碳含量对铁碳合金平衡组织的影响规律。

二、实验原理

铁碳合金的显微组织是研究和分析铁碳材料性能的基础，平衡状态的显微组织是指合金在极为缓慢的冷却条件下（退火状态，即接近平衡状态）所得到的组织。因此，可以根据 $Fe\text{-}Fe_3C$ 相图分析铁碳合金在平衡状态下的显微组织，如图 1-13 所示。

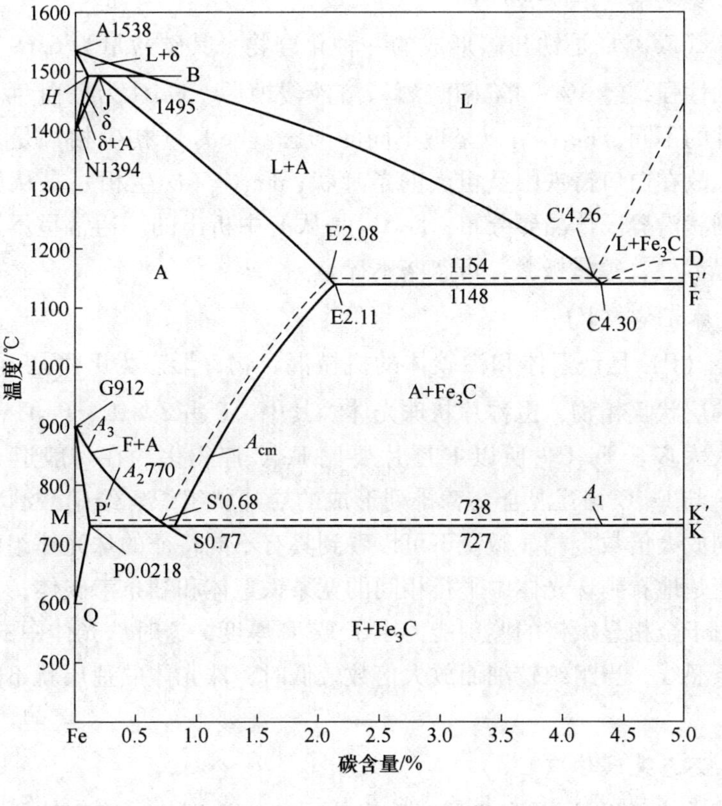

图 1-13　$Fe\text{-}Fe_3C$ 相图

铁碳合金的平衡组织是指碳钢和白口铸铁组织，其中碳钢是工业上应用最广泛的金属材料，它们的性能与其显微组织密切相关。此外，对碳钢和白口铸铁显微组织的观察和分析，有助于加深对 Fe-Fe_3C 相图的理解。

从 Fe-Fe_3C 相图上可以看出，所有碳钢和白口铸铁的室温组织均由铁素体（F）和渗碳体（Fe_3C）这两种基本相组成。但是，由于碳含量不同，因而呈现各种不同的组织形态。

用侵蚀剂显示的碳钢和白口铸铁，在金相显微镜下具有以下几种基本组织。

（一）铁素体（F）

铁素体（F）是指碳在 α-Fe-Fe_3C 中的间隙固溶体。F 为体心立方晶体，具有磁性及良好塑性，硬度较低，用3%~4%硝酸酒精溶液侵蚀后在金相显微镜下呈现明亮的等轴晶粒。黑色网是晶界，这是因为晶粒晶界耐腐蚀性不同，而且各晶粒的位向不同呈现不同的颜色。亚共析钢中 F 呈块状分布，当碳含量接近共析成分时，铁素体则呈断续的网状分布于珠光体周围。

（二）渗碳体（3%~4%）

渗碳体（Fe_3C）是铁与碳形成的一种化合物，其碳含量为6.69%，质硬而脆，耐腐蚀性强，经3%~4%硝酸酒精溶液侵蚀后，Fe_3C 为亮白色。按照成分和形成条件的不同，Fe_3C 可以呈现不同的形态。$Fe_3C_{Ⅰ}$（初生相）是直接从液体中析出的，故在白口铸铁中呈粗大的条片状；$Fe_3C_{Ⅱ}$（次生相）是从奥氏体中析出的，呈网状沿奥氏体晶界分布；$Fe_3C_{Ⅲ}$是从 F 中析出的，通常呈不连续薄片状存在于 F 晶界处，数量极微，可忽略不计。

（三）珠光体（P）

珠光体（P）是铁素体和渗碳体的机械混合物，形态为 F 薄层和 Fe_3C 薄层交替重叠的层状复相物，也称片状珠光体。其中，F 占8.8%、Fe_3C 占12%，由于 F 数量大大多于 Fe_3C，所以 F 层片要比 Fe_3C 厚得多。在一般退火处理情况下，是由 F 与 Fe_3C 相互混合交替排列形成的层片状组织。经硝酸酒精溶液侵蚀后，在不同放大倍数金相显微镜下可以看到具有不同特征的珠光体组织。在高倍放大时能清楚地看到珠光体中平行相间的宽条铁素体和细条渗碳体；当放大倍数较低时，由于金相显微镜的鉴别能力小于 Fe_3C 厚度，这时珠光体中的 Fe_3C 就只能看到一条黑线，当组织较细而放大倍数较低时，珠光体的片层就不能分辨，而呈黑色。

（四）变态莱氏体（L′d）

变态莱氏体（L′d）是在室温时珠光体+二次渗碳体+渗碳体组成的机械混合物。碳含量为4.3%的共晶白口铸铁在1147 ℃时形成由奥氏体和渗碳体组成的共晶体机械混合物，称为莱氏体。其中，奥氏体冷却时析出二次渗碳体，并在

723 ℃以下分解为珠光体，这就是共晶反应，其结果是成为变态莱氏体。L′d 的显微组织特征是在亮白色的 Fe_3C 基底上相间地分布着暗黑色斑点及细条状的珠光体。二次渗碳体和共晶渗碳体连在一起，从形态上难以区分。

根据碳含量及组织特点的不同，铁碳合金可分为工业纯铁、碳钢和铸铁三大类。

（一）工业纯铁

纯铁在室温下具有单相铁素体组织。碳含量小于0.02%的铁碳合金通常称为工业纯铁，其为两相组织，即由铁素体和少量三次渗碳体组成。图 1-14 所示为工业纯铁的显微组织，其中黑色线条是 F 的晶界，亮白色基底则是 F 的不规则等轴晶粒，在某些晶界处可以看到不连续的薄片状 $Fe_3C_{Ⅲ}$。

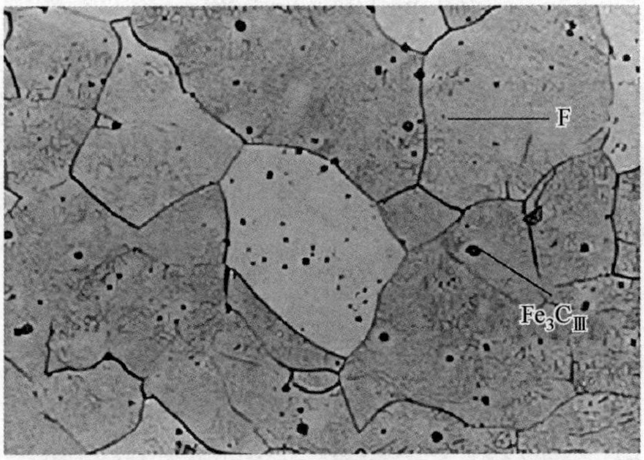

图 1-14　工业纯铁的显微组织（1400×）
（侵蚀剂：4%硝酸酒精溶液）

（二）碳钢

1. 亚共析钢

亚共析钢的碳含量在0.02%~0.77%范围内，其组织由 F 和 P 组成。随着碳含量增加，F 数量逐渐减少，而 P 数量则相应地增多。

图 1-15 所示为亚共析钢（45 号钢）的显微组织，其中亮白色为 F、暗黑色为 P。

2. 共析钢

共析钢（T8 钢）是碳含量为0.77%的碳钢，它由单一的 P 组成，组织如图 1-16 所示。其中，黑线为 Fe_3C，中间白色层状为 F，F 与 Fe_3C 的质量比约为 7.3∶1，所以 Fe_3C 片较薄。

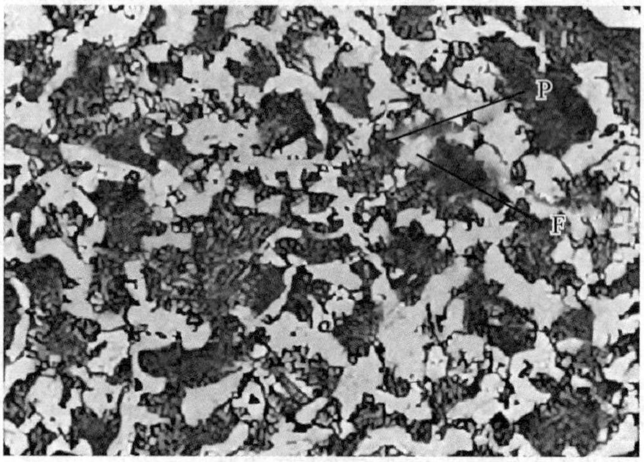

图 1-15 45 号钢的显微组织（400×）
（侵蚀剂：4% 硝酸酒精溶液）

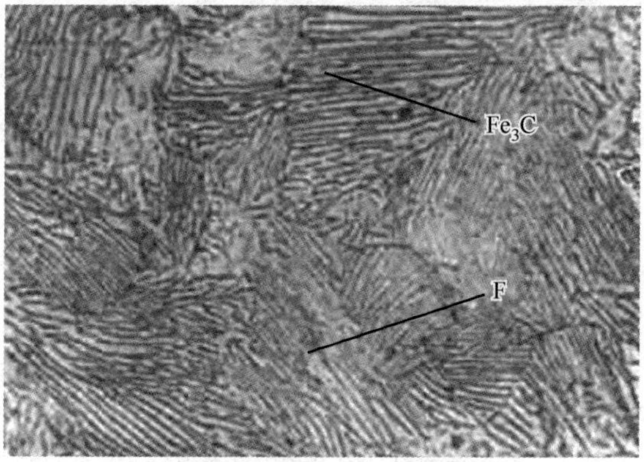

图 1-16 T8 钢的显微组织（400×）
（侵蚀剂：4% 硝酸酒精溶液）

3. 过共析钢

碳含量超过 0.77% 的碳钢为过共析钢，它在室温下的组织由 P 和 $Fe_3C_{Ⅱ}$ 组成。钢中碳含量越多，$Fe_3C_{Ⅱ}$ 就越多。

图 1-17 所示为碳含量为 1.2% 的过共析钢（T12 钢）的显微组织，组织形态为层片相间的 P 和细小的网络状 Fe_3C。经 4% 硝酸酒精溶液侵蚀后 P 呈暗黑色，$Fe_3C_{Ⅱ}$ 呈白色细网状。

（三）铸铁

1. 亚共晶白口铸铁

碳含量小于 4.3% 的白口铸铁称为亚共晶白口铸铁。在室温下亚共晶白口铸

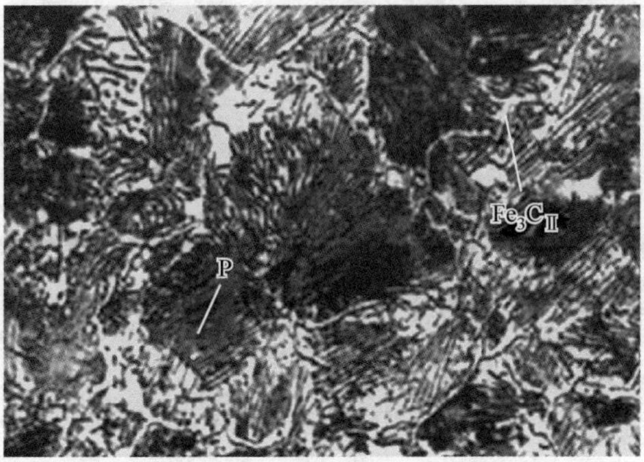

图 1-17　T12 钢的显微组织（400 ×）
（侵蚀剂：4% 硝酸酒精溶液）

铁的组织为 P、Fe_3C_{II} 和 L′d，如图 1-18 所示。用 4% 硝酸酒精溶液侵蚀后在金相显微镜下呈现黑色枝晶状的 P 和斑点状 L′d。

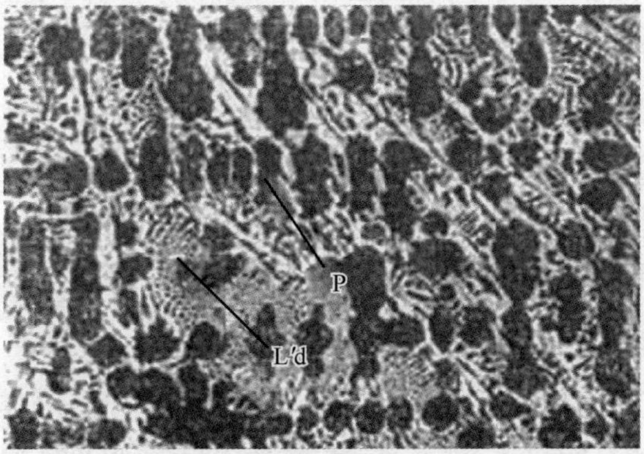

图 1-18　亚共晶白口铸铁的显微组织（400 ×）
（侵蚀剂：4% 硝酸酒精溶液）

2. 共晶白口铸铁

共晶白口铸铁的碳含量为 4.3%，它在室温下的组织由单一的共晶莱氏体（奥氏体和渗碳体混合物，常温下为 P 和 Fe_3C 的混合物）组成。经 4% 硝酸酒精溶液侵蚀后，在金相显微镜下呈现暗黑色细条及斑点状（枝晶状或鱼骨状），Fe_3C 呈亮白色，如图 1-19 所示。

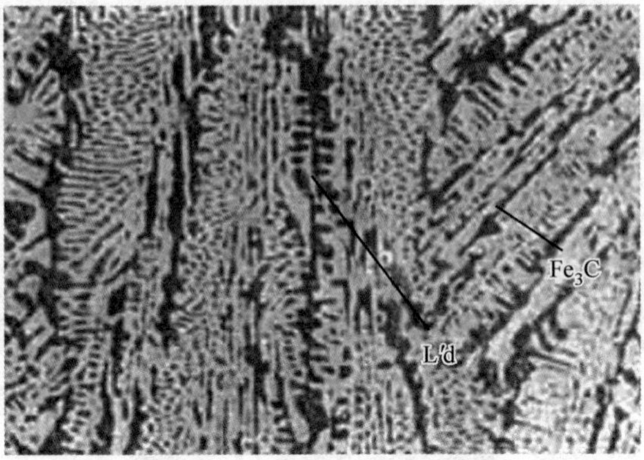

图 1-19 共晶白口铸铁的显微组织（400×）
（侵蚀剂：4%硝酸酒精溶液）

3. 过共晶白口铸铁

碳含量大于 4.3% 的白口铸铁称为过共晶白口铸铁，在室温下的组织由 $Fe_3C_Ⅰ$ 和 L′d 组成。用 4% 硝酸酒精溶液侵蚀后，在金相显微镜下可观察到在暗色斑点状的 L′d 基底上分布着亮白色粗大条片状的 $Fe_3C_Ⅰ$，如图 1-20 所示。

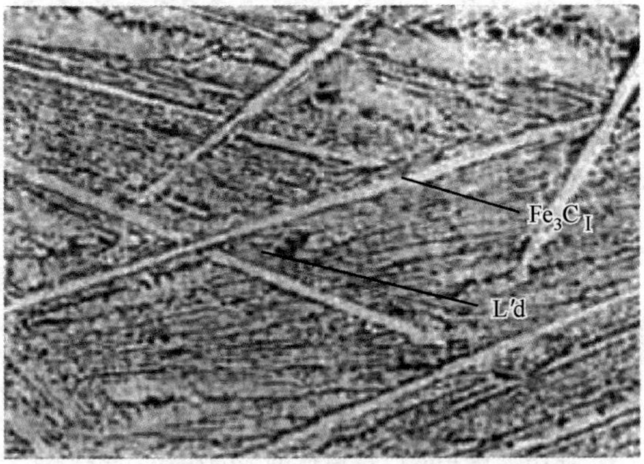

图 1-20 过共晶白口铸铁的显微组织（400×）
（侵蚀剂：4%硝酸酒精溶液）

三、实验设备及材料

金相显微镜、金相标准试样（工业纯铁、亚共析钢、共析钢、过共析钢、亚共晶白口铸铁、共晶白口铸铁、过共晶白口铸铁）。

四、实验内容与步骤

（1）观察表 1-3 中各种成分的铁碳合金平衡显微组织。显微组织中的铁碳合金可分为如下三类：1）工业纯铁；2）45 号钢、T8 钢、T12 钢；3）亚共晶白口铸铁、共晶白口铸铁、过共晶白口铸铁。

表 1-3　实验用材料的组织特征

序号	类　别	合金牌号	碳含量/%	侵蚀剂	金相显微组织
1	工业纯铁		0.01	4%硝酸酒精	$F+Fe_3C_{Ⅲ}$
2	亚共析钢	45 号钢	0.45	4%硝酸酒精	F+P
3	共析钢	T8 钢	0.77	4%硝酸酒精	P
4	过共析钢	T12 钢	1.2	4%硝酸酒精	$P+Fe_3C_{Ⅱ}$
5	亚共晶白口铸铁		3.0	4%硝酸酒精	$L'd+P+Fe_3C_{Ⅱ}$
6	共晶白口铸铁		4.3	4%硝酸酒精	L'd
7	过共晶白口铸铁		5.0	4%硝酸酒精	$L'd+Fe_3C_{Ⅰ}$

（2）观察组织时注意各种组织的特点。

五、实验报告

简要说明碳含量对铁碳合金平衡组织的影响规律。

实验四　铁碳合金非平衡组织观察与分析

一、实验目的

（1）观察和研究碳钢经不同形式热处理后的显微组织特点。
（2）掌握热处理工艺对钢组织和性能的影响。

二、实验原理

（一）常用热处理工艺

退火：将钢加热到一定温度，保温一段时间后缓慢冷却。
正火：将钢加热到某一临界温度以上，保温后在空气中冷却。
淬火：将钢加热到某一临界温度以上，保温后快速冷却，如淬入水或油里。
回火：将淬火后的钢再加热到 A_1 线以下某一温度后冷却。

（二）热处理加热温度的选择

1. 亚共析钢

淬火、正火、退火的加热温度在 A_{c3} 以上 30 ~ 50 ℃。

2. 共析钢，过共析钢

（1）淬火、退火的加热温度，在 A_{c1} 以上 30 ~ 50 ℃；

（2）正火加热温度在 A_{cm} 以上 30 ~ 50 ℃。

亚共析钢和过共析钢的淬火、退火温度范围不同，如图 1-21 所示。这是由于如果亚共析钢的淬火温度过低，在 A_{c1} 以上 30 ~ 50 ℃，这时钢的组织是铁素体和马氏体，使试样上出现软点。过共析钢在两相区加热后淬火得到的组织是马氏体和渗碳体。由于渗碳体本身硬度很高，不会影响钢的硬度；相反，如果过共析钢加热到奥氏体单相区淬火，得到的组织是马氏体和大量的残余奥氏体，硬度反而要下降。

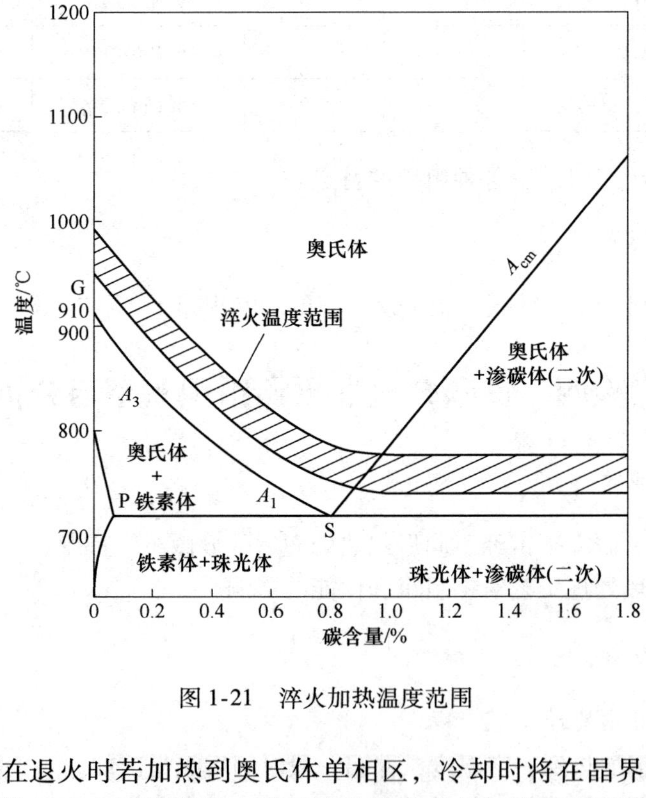

图 1-21　淬火加热温度范围

过共析钢在退火时若加热到奥氏体单相区，冷却时将在晶界析出网状渗碳体，使钢的塑性、冲击韧性降低，所以过共析钢退火加热温度不能过高。

过共析钢的正火主要是为了消除已经形成的网状渗碳体，加热到 A_{cm} 线以上才能使网状渗碳体全部溶入奥氏体。由于正火的冷却速度较快，因此网状渗碳体来不及析出而被消除。

回火温度是根据零件所要求的力学性能确定的，通常将回火分为低温、中温、高温回火。

低温回火：在 150 ~ 250 ℃所得的组织为回火马氏体，硬度（HRC）约为 60，目的是降低淬火后的应力，减少钢的脆性，保持钢的高硬度，这种回火常用于切削刀具和量具。

中温回火：在 350 ~ 500 ℃所得组织为回火屈氏体，硬度（HRC）约为 40，目的是获得高的弹性极限，同时有较好的韧性，主要用于中高碳钢弹簧的热处理。

高温回火：在 500 ~ 650 ℃所得组织为回火索氏体，硬度（HRC）约为 30，目的是获得既有一定强度、硬度，又有良好冲击韧性的综合力学性能，主要用于中碳结构钢的热处理。

球化退火：主要适用于共析钢和过共析钢，如碳素工具钢、合金工具钢、轴承钢等。这些钢经轧制、锻造后空冷，得到的组织是片层状珠光体与网状渗碳体，这种组织硬而脆，不仅难以切削加工，且在以后淬火过程中也容易变形和开裂。经球化退火得到的是球状珠光体组织，其中的渗碳体呈球状颗粒，弥散分布在铁素体基体上；和片状珠光体相比，不但硬度低，便于切削加工，而且在淬火加热时，奥氏体晶粒不易长大，冷却时工件变形和开裂倾向小。另外，对于一些需要改善冷塑性变形（如冲压、冷镦等）的亚共析钢有时也可采用球化退火。

球化退火工艺方法很多，最常用的两种工艺是普通球化退火和等温球化退火。普通球化退火是将钢加热到 A_{c1} 以上 20 ~ 30 ℃，保温适当时间，然后随炉缓慢冷却，冷到 500 ℃左右出炉空冷。等温球化退火是与普通球化退火工艺同样的加热保温后，随炉冷却到略低于 A_{r1} 的温度进行等温，等温时间为其加热保温时间的 1.5 倍。等温后随炉冷至 500 ℃左右出炉空冷。和普通球化退火相比，等温球化退火不仅可缩短周期，而且可使球化组织均匀，并能严格地控制退火后的硬度。

3. 确定保温时间

保温时间与加热介质、加热温度、钢的成分和工件的形状尺寸等因素有关，生产上一般根据经验公式确定。试验中碳钢圆材所用的保温时间可按 1 min/mm 计算。

4. 冷却方法

热处理时的冷却方法适当，才能获得所要求的组织和性能，退火一般采用随炉冷却。

正火多采用空气冷却，大件常进行吹风冷却。淬火的冷却方法非常重要，一方面冷却速率要大于临界冷却速率，以保证得到马氏体组织；另一方面冷却速率应尽量缓慢，以减少内应力，避免变形和开裂。为此，可根据 C 曲线（见图 1-22）估计连续冷却速率的影响。

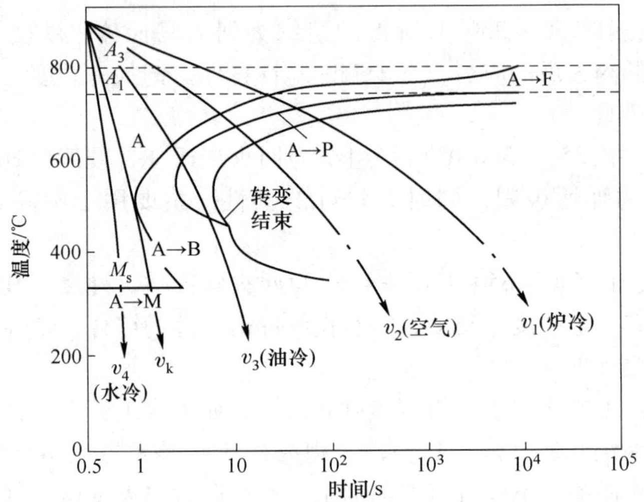

图 1-22　淬火介质冷却曲线示意图

5. 基本组织金相特征

（1）珠光体（P）：铁素体与渗碳体的机械混合物，层片较粗。

（2）索氏体（S）：铁素体与渗碳体的机械混合物，其片层比珠光体更细密，在金相显微镜的高倍（700 倍以上）放大才能分辨，硬度（HRC）约为 30。

（3）屈氏体（T），也叫托氏体（T），它是铁素体与渗碳体的机械混合物，片层比索氏体还细密，在一般金相显微镜下无法分辨。当析出量较少时，它沿晶界分布，呈黑色网状，包围着马氏体，当析出量较多时，呈大块黑色团状，只有在电子显微镜下才能分辨其中的片层，硬度（HRC）为 35 ~ 40。

（4）贝氏体（B）：奥氏体的中温转变的产物，贝氏体也是铁素体与渗碳体的两相混合物，但其金相形态与珠光体类组织不同，并因钢的成分和形成温度不同而有差别，其组织形态主要有上贝氏体和下贝氏体两种：

1）上贝氏体是由成束平行排列的条状铁素体和条间断续分布的渗碳体组成的非层状组织。当转变量不多时，在金相显微镜下为成束的铁素体条向奥氏体晶界内伸展，具有羽毛状特征。

2）下贝氏体是在片状铁素体内部沉淀有碳化物的混合物组织。由于下贝氏体易受侵蚀，所以在金相显微镜下呈黑色针状。

（5）马氏体（M）：马氏体有高碳马氏体和低碳马氏体两种形态。

1）高碳马氏体呈针叶状，针叶大小不一，互不平行，最先形成的马氏体较粗大，往往横穿整个奥氏体晶粒，将其分割，使以后形成的马氏体针的大小受到限制，并使针与针之间残留有奥氏体，片状马氏体的硬度（HRC）为 62～65，韧性较差。

2）低碳马氏体呈板条状，许多平行的板条形成一束，束与束之间有较大的位向差，一个奥氏体晶粒内可有几个马氏体束或区，板条状马氏体的韧性较好。

（6）残余奥氏体（A′）：奥氏体淬火时，被保留到室温的未转变的部分，在金相显微镜下呈白亮色，分布在马氏体之间，无固定形态，未经回火时，A′与 M 很难区分，都呈白亮色；只有马氏体回火变暗后，残余奥氏体才能被辨认。

（7）回火马氏体（$M_{回}$）：马氏体经低温回火（150～250 ℃）所得到的组织为回火马氏体，它仍具有原马氏体形态的特征，针状马氏体由于有极细的碳化物析出，容易受侵蚀，在金相显微镜下为黑针状，$M_{回}$ 具有高的强度和硬度，而韧性和塑性较淬火马氏体有明显改善。

（8）回火屈氏体（$T_{回}$）：也称回火托氏体，是马氏体经中温回火（350～500 ℃）所得到的组织，保留有模模糊糊的马氏体外形。它是铁素体与细粒状渗碳体组织的混合物，用金相显微镜极难分辨，只有在电镜下才可观察到。回火屈氏体有较好的强度，最佳的弹性，韧性也较好。

（9）回火索氏体（$S_{回}$）：马氏体经高温回火（500～650 ℃）所得到的组织为回火索氏体，它是再结晶了的铁素体基体上分布着粒状渗碳体，回火索氏体具有优良的综合力学性能。

回火屈氏体和回火索氏体是淬火马氏体的回火产物，它的渗碳体呈粒状，且均匀分布在铁素体基体上，而屈氏体和索氏体是奥氏体过冷时直接形成的，它的渗碳体呈片状。所以，回火组织同直接冷却组织相比，在相同的硬度下具有较好的塑性及韧性。

三、实验设备与材料

金相显微镜，金相图谱及放大金相图片，各种经不同热处理的显微试样。

四、实验内容与步骤

（1）每组领取一套试样，在指定的金相显微镜下进行观察。观察时根据 $Fe-Fe_3C$ 相图和奥氏体等温转变图分析确定各种组织的形成原因。

（2）画出所观察到的几种典型的显微组织形态特征，并注明组织名称、热处理条件及放大倍数等。

（3）本实验研究的 45 号钢及 T12 钢的热处理工艺、显微组织特征、侵蚀剂及放大倍数列于表 1-4，金相组织如图 1-23 所示。

表 1-4　45 号钢和 T12 钢经不同热处理后的显微组织

编号	热处理工艺			显微组织特征	放大倍数
1	45 号钢	退火	860 ℃炉冷	珠光体 + 铁素体（呈亮白色块状）	400 ×
2		正火	860 ℃空冷	细珠光体 + 铁素体（块状）	500 ×
3		淬火	760 ℃水冷	针状马氏体 + 部分铁素体（白色块状）	500 ×
4			860 ℃水冷	细针马氏体 + 残余奥氏体（亮白色）	500 ×
5			860 ℃油冷	细针马氏体 + 屈氏体（暗黑色块）	500 ×
6			1000 ℃水冷	粗针状马氏体 + 残余奥氏体（亮白色）	500 ×
7		860 ℃水冷	200 ℃回火	细针状回火马氏体（呈暗黑色）	500 ×
8			400 ℃回火	针状铁素体 + 不规则粒状渗碳体	500 ×
9			600 ℃回火	等轴状铁素体 + 粒状渗碳体	500 ×
10	T12 钢	退火	760 ℃球化	铁素体 + 球状渗碳体（细粒状）	400 ×
11		淬火	780 ℃水冷	细针马氏体 + 粒状渗碳体（亮白色）	500 ×
12			1000 ℃水冷	粗片马氏体 + 残余奥氏体（亮白色）	500 ×

(a)

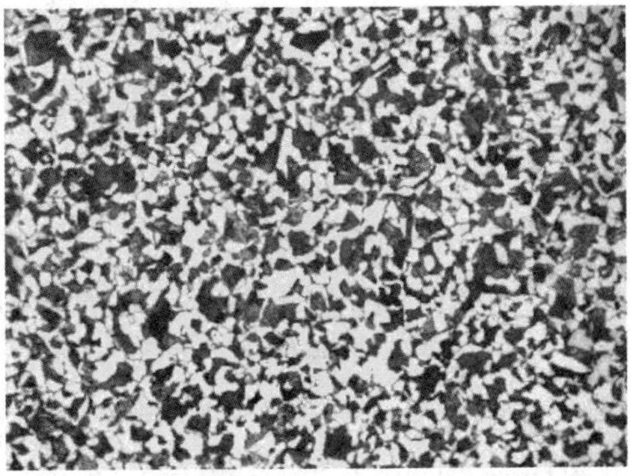

(b)

(c)

(d)

(e)

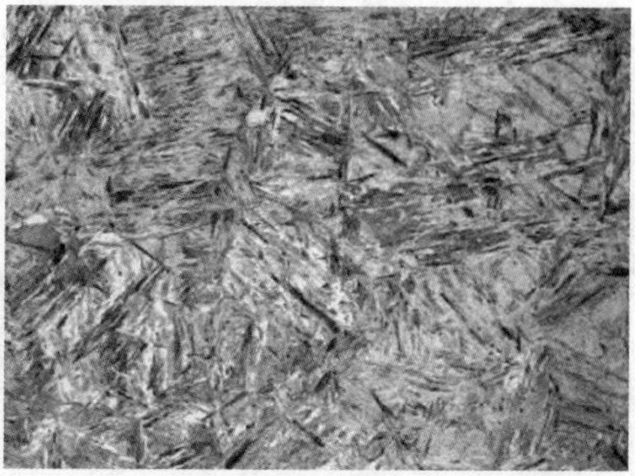

(f)

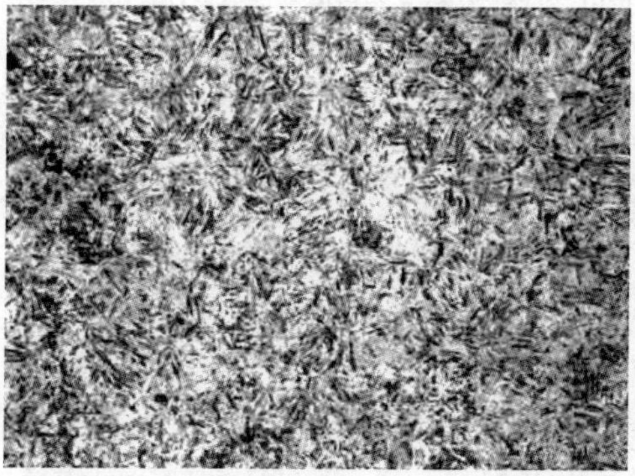

(g)

(h)

(i)

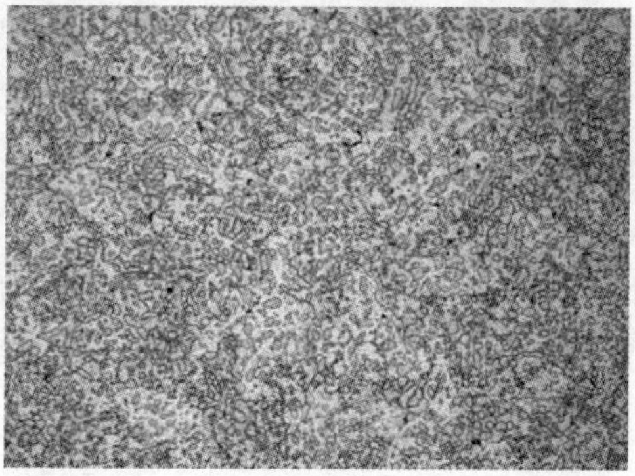

(j)

(k)

(l)

图 1-23　几种钢的金相组织

(a) 1 号样品金相组织［45 号钢退火：860 ℃炉冷，珠光体 + 铁素体（呈亮白色块状）］；(b) 2 号样品金相组织［45 号钢正火：860 ℃空冷，细珠光体 + 铁素体（块状）］；(c) 3 号样品金相组织［45 号钢淬火：760 ℃水冷，针状马氏体 + 部分铁素体（白色块状）］；(d) 4 号样品金相组织［45 号钢淬火：860 ℃ 水冷，细针马氏体 + 残余奥氏体（亮白色）］；(e) 5 号样品金相组织［45 号钢淬火：860 ℃油冷，细针马氏体 + 屈氏体（暗黑色块）］；(f) 6 号样品金相组织［45 号钢淬火：1000 ℃水冷，粗针状马氏体 + 残余奥氏体（亮白色）］；(g) 7 号样品金相组织［45 号钢 860 ℃水冷 + 200 ℃回火，细针状回火马氏体（呈暗黑色）］；(h) 8 号样品金相组织［45 号钢 860 ℃水冷 + 400 ℃回火，针状铁素体 + 不规则粒状渗碳体］；(i) 9 号样品金相组织［45 号钢 860 ℃水冷 + 600 ℃回火，等轴状铁素体 + 粒状渗碳体］；(j) 10 号样品金相组织［T12 钢退火：760 ℃球化，铁素体 + 球状渗碳体（细粒状）］；(k) 11 号样品金相组织［T12 钢淬火：780 ℃水冷，细针马氏体 + 粒状渗碳体（亮白色）］；(l) 12 号样品金相组织［T12 钢淬火：1000 ℃水冷，粗片马氏体 + 残余奥氏体（亮白色）］

（4）注意事项如下：

1）对各类不同热处理工艺的组织，观察时可采用对比的方式进行分析研究。例如，正常淬火与不正常淬火，水淬与油淬，淬火马氏体与回火马氏体等。

2）对各种不同温度回火后的组织，可采用高倍放大进行观察，必要时参考相关金相图谱。

五、实验报告

画出所观察到的各试样的组织示意图，标明图中各组织组成物，说明组织特征。

六、思考题

（1）45 号钢正确的淬火温度范围是什么，可以在 A + F 两相区加热淬火吗？

（2）T12 钢正确的淬火温度范围是什么，可以在单相 A 区加热吗？

第二章　材料工艺实验

实验五　焊接热循环曲线测试实验

一、实验目的

（1）掌握焊接热循环相关仪器和设备的使用，学会测定焊接热循环曲线的方法。

（2）研究焊接材料在热循环环境下的性能表现。

（3）掌握典型焊接热循环曲线的特征及其主要表征参数。

二、实验原理

焊接热循环曲线测试是一种用于评估焊接材料在高温疲劳性能的实验方法，其原理基于材料在高温下的热膨胀和热传导特性。在焊接过程中热源沿焊件移动时，焊件上某点的温度由低到高达到最高值后，又由高到低这一随时间变化的过程。在焊接热源作用下，焊件上某点的温度随时间的变化关系称为焊接热循环，表示这种关系的曲线称为热循环曲线。

该实验通过在焊接试样上施加一定的热载荷，并进行循环加载和卸载，以模拟实际使用过程中的热循环负载情况。焊接时因电弧的高温和吹力作用使焊件局部熔化，焊接件上各点距离焊缝距离不同，受到焊接热的作用也不同，因此各点经历着不同的焊接热循环作用，如图 2-1 所示。

显然，离焊缝越近的点，其加热速率越大，峰值温度越高。冷却速度越大，并且加热速率比冷却速率要大得多。焊接热循环曲线包括焊接接头温度变化和冷却相变等重要信息，这些信息对于了解焊接冷却相变过程、接头组织、应力变形等具有重要意义。同时，焊接热循环参数是分析热影响区组织与性能的重要数据，也是用于指导焊接参数选择、预测变形和应力、优化焊接工艺，并研究焊接材料性能。因此，测定焊接热循环曲线具有重要的理论意义和实用价值。

焊接热循环曲线的建立采用理论计算和实验测量两种方式。根据焊接热过程的理论公式 $T=f(x, y, z, t)$，计算峰值温度、相变温度以上停留时间、瞬时冷却速率及冷却时间等。但是，由于计算时采用的假设条件及边界条件与实际焊接条件相差较大，所得的计算热循环曲线与实际测量曲线依然存在较大差别，所以

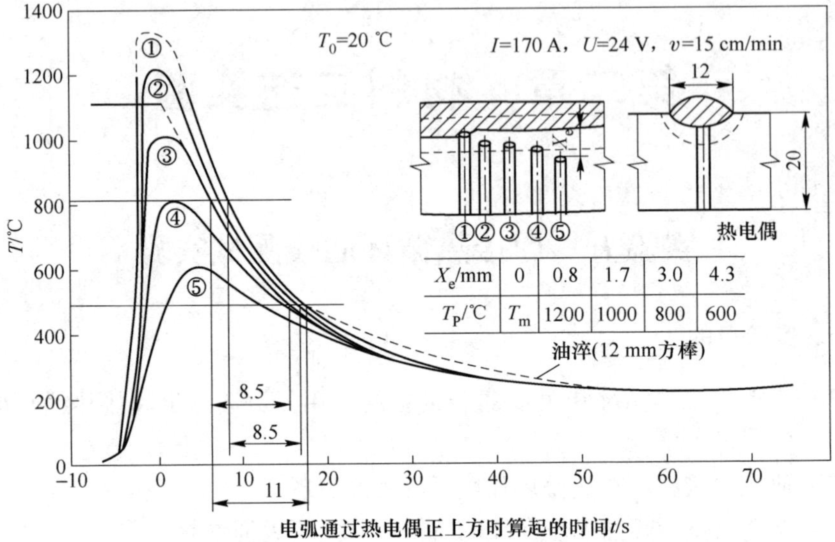

图 2-1　低合金钢堆焊焊缝邻近各点的焊接热循环曲线

在实际焊接中，多采用实验测量的方法获得焊接热循环曲线。

实验测量焊接热循环的方法，大体上可分为非接触式和接触式两类。

在非接触式测量方法中，主要采用红外测温及热成像技术。红外线辐射是自然界存在的一种最为广泛的电磁波辐射，它是基于任何物体在常规环境下都会产生的自身分子和原子的无规则运动，并不停地辐射出热红外能量。红外线与可见光、紫外线、X 射线、γ 射线和无线电波，构成一个完整连续的电磁波谱。通过光电红外探测器将物体发热部位辐射的功率信号转换成电信号后，成像装置就可以一一对应地模拟出物体表面温度的空间分布，最后经系统处理，形成热图像视频信号，传至显示屏幕上，就得到与物体表面热分布相对应的热像图，即红外热图像。热成像系统通过探测目标物体的红外辐射，并经过光电转换、电信号处理等手段，经过放大和视频处理，将目标物体的温度分布图像转换成视频图像，从而使人眼的视觉范围扩展到不可见的红外区。这种方法的实质是从弧焊熔池的背面，摄取温度场的热像（红外辐射能量分布图），然后把热像分解成许多像素，通过电子束扫描实现光电和电光转换，在显像管屏幕上获得灰度等级不同的点构成的图像。该图像间接反映了焊接区的温度场变化，经过计算机图像处理和换算，便可得出某一瞬间或动态过程的真实温度场。这种测定方法的优点是测定装置不直接接触被测物体，不会搅动和破坏被测物体的温度和热平衡，响应时间快、灵敏度高，并且可以连续测温和自动记录。由于这种测定方法需要较复杂的设备和技术，所以尚未大量推广。

另一种方法为接触式测温，常用热电偶和热电阻测温。

（1）热电偶测温的优点如下。

1）温度范围广。从低温到喷气引擎废气，热电偶适用于大多数实际的温度范围。热电偶测量温度在 -200～2500 ℃，具体取决于所使用的金属线。

2）坚固耐用。热电偶属于耐用器件，抗冲击振动性好，适合于危险恶劣的环境。

3）响应快。因为它们体积小，热容量低，热电偶对温度变化响应快，尤其在感应接合点裸露时，所以它们可在数百毫秒内对温度变化做出响应。

4）无自发热。由于热电偶不需要激励电源，因此不易自发热，其本身是安全的。

（2）热电偶测温的缺点如下。

1）信号调理复杂。将热电偶电压转换成可用的温度读数必须进行大量的信号调理，一直以来，信号调理耗费大量设计时间，处理不当就会引入误差，导致精度降低。

2）精度低。除了由于金属特性导致的热电偶内部固有不精确性外，热电偶测量精度只能达到参考接合点温度的测量精度，一般在 1～2 ℃。

3）易受腐蚀。因为热电偶由两种不同的金属组成，在一些工况下，随着时间而腐蚀可能会降低精度。因此，它们可能需要保护，且保养维护必不可少。

4）抗噪性差。当测量毫伏级信号变化时，杂散电场和磁场产生的噪声可能会引起较大的测量误差。吻合的热电偶线对可能大幅降低磁场耦合，使用屏蔽电缆或在金属导管内走线和防护可降低电场耦合。测量器件应当提供硬件或软件方式的信号过滤，有力抑制工频频率（50 Hz/60 Hz）及其谐波。

热电阻测温的优点：热电阻的价格便宜，化学稳定性好、能耐高温，工业上在 -50～150 ℃内使用较多；缺点：在还原介质中，特别是在高温下很容易被从氧化物中还原出来的蒸汽所沾污，并改变电阻与温度之间的关系。热电阻怕潮湿，易被腐蚀，熔点也低。根据以下要素来进行热电偶和热电阻的选择。

（1）需要测量的温度范围：500 ℃以上一般选择热电偶，500 ℃以下看应用环境来选择。

（2）测量范围选择：热电偶所测量的一般指“点”温，热电阻通常用于测量空间温度。由于热电效应的原理，因此，需要一个额外的温度传感器来测量参考点温度，此参考点就是我们常说的冷端补偿点。

常见的几种冷端补偿传感器如下：

（1）热敏电阻温度传感器。响应快、封装小，但要求线性，精度有限，尤其在宽温度范围内。要求激励电流，会产生自发热，引起漂移。结合信号调理功能后的整体系统精度差，只适合测量精度低、低成本的应用场合。

（2）电阻式温度测量器（RTD）。RTD 相比热敏电阻温度传感器，更加精确、稳定且特性线性，但封装尺寸和成本，相对热敏电阻温度传感器高。因为需要良好匹配的激励源和采样电路，所以设计相对更复杂，需要的外围器件更好。用 RTD 作为冷端补偿的热电偶测量系统，通常对系统级精密度要求更高。

（3）集成式温度传感器。集成式温度传感器是一种以半导体工艺制成的集成式测温元件，通过半导体工艺技术，将测温等模拟单元获得的信息数字化输出，高集成度，可获得远低于 1 ℃的系统级精度。

热电偶外围电路设计简单，可直接和微控制器（MCU）进行通信，同样针对高精度热电偶采集系统的冷端补偿方案，使用和设计都最为简单。热电效应是温度检测的理论基础：

（1）两种不同金属导体组成闭合回路，且两接触点具有不同温度时，回路中产生电动势。

（2）两种不同金属导体组成闭合回路，通过电流时根据电流方向的不同在接触点出现降温或升温现象。

（3）当单一导体在两端具有温差以及有电流通过时，会在导体上产生吸热或放热现象。因此测温时，把热电偶的热结点焊在被测点上，热电偶的另一端接在多功能函数记录仪上，焊接时由于热结点受热产生热电势，并把这个电动势作为函数记录仪的输入信号，经放大及热电势温度转换，即可得到被测点的热循环曲线。但是，这种测温方法由于热电偶的连接，会影响被测物体的温度及热平衡，有时将降低测温的精确度，对于微小体积的快速温度变化响应速度较慢。但是，它的突出优点是简单、直观、测出的温度有一定的精确性，因而仍是目前最主要的测温方法。

三、实验设备及材料

（1）任意型号焊条电弧焊机/TIG 焊机，各 1 台。

（2）多通道温度采集，1 套。

（3）焊接热电偶专用电容式储能焊机，1 台。

（4）铂铑–铂热电偶丝/镍铬–镍硅热电偶丝（直径小于 1 mm），3 对。

（5）300 mm × 200 mm × 20 mm 低碳钢板，1 块。

（6）直径 4 mm 的 E4303 焊条、氩气，若干。

（7）钻床、钻头、平头绞刀、深度尺等辅助工具。

四、实验内容与步骤

本实验的主要内容是利用热电偶测温法测量工件上离熔合线不同距离的三点热循环曲线，具体测试方法如图 2-2 所示。

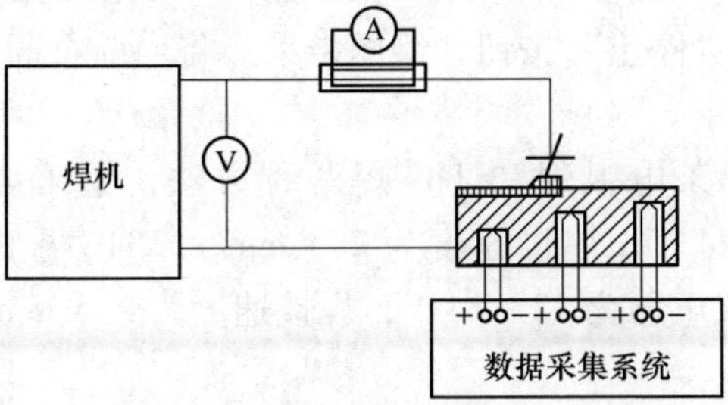

图 2-2　焊接热循环曲线测定方法

（一）焊接并固定热电偶

在低碳钢板待焊焊道中心的背面钻 3 个直径为 5.0 mm 的测温孔，孔底锥角要大于 120°，可用平头绞刀将孔底铰成平端面，孔深分别为 16.0 mm、17.0 mm 和 18.0 mm，用深度尺实测其深度。分别把每对铂铑-铂热电偶丝的端头用电容储能式焊机焊合，形成热结点，操作过程分为三步：（1）预设给定电压值为 95 V，并进行预充电。（2）用黑线焊钳夹住铂铑丝和铂丝，两丝的端头要平齐且接触，红线焊钳夹铜箔。（3）焊接：先把开关拨到焊接位置，然后将铂铑丝、铂丝撞击铜箔，电容放电。形成瞬间短路，热电偶的两根丝即可焊在一起。将 3 对热电偶的热结点分别焊到 3 个测温孔底部，重复上述焊接热结点时的操作过程，只要把储能焊机的充电电压设定为 100 V 左右即可。焊后要仔细检查焊接点的质量，务必保证焊牢。两根热电偶丝均套有瓷管，以防止短路影响测量结果。

（二）连接数据采集系统

数据采集系统由数据采集卡、动态分析软件、计算机组成，主要包括以下功能：可将热电偶的温度变化转变成热电势，并将热电势输入 AD 转换器的输入端，把模拟信号转换成数字信号，有多个通道；可以同时采集多个点的温度，具有较高的滤波功能并能进行数据存储和数据处理能力，软件能自动绘制出温度随时间的变化曲线。学生操作时，需把热电偶的另一端分别接在数据采集系统的输入端上。注意：铂铑丝接正极，铂丝接负极；镍铬丝接正极，镍硅丝接负极。镍铬丝有磁性，可用磁铁或磁性材料加以鉴别。

（三）进行焊接操作并采集数据

施焊前，打开计算机，进入热循环数据采集系统，单击“开始”按钮，弹出对话框。输入文件名，单击“确定”按钮，数据采集系统开始自动绘制曲线。注意：单击“确定”按钮的同时，同步开始进行焊接。记录施焊的焊接方法和规范参数。施焊时，当焊接电弧经过被测点上方时，就可得到离熔合线不同距离

的 A、B、C 三点的“热循环”曲线。焊接完毕，观察热循环曲线，当温度降到 100 ℃以下时，单击“停止”按钮，绘图结束。将当前页面转换为图片，复制到 U 盘，关机，实验结束。

建议采用手工焊条电弧焊和 TIG 焊两种方法，手工电弧焊焊接电流采用 170 A，焊接电压为 24 V，焊接速度为 2.5 mm/s。TIG 焊的焊接电流分别采用 170 A 和 100 A，焊接电压为 12～14 V，焊接速度为 2.5 mm/s。

五、实验报告

（1）实验报告内容应包括：1）实验名称；2）实验目的；3）实验内容与实验步骤，包括实验内容、原理分析及具体实验步骤；4）实验设备及材料，包括实验使用的器件、仪器设备名称及规格；5）回答思考与讨论题目，总结实验的心得体会等内容。

（2）实验报告书写在专用实验报告纸上，要求用正楷字体规范书写，绘图要用直尺等绘图工具。

六、思考题

（1）结合焊接方法相同而焊接电流不同、焊接方法不同而焊接电流相同两种情况下的热循环曲线特点，试分析焊接电流、焊接电压、焊接线能量对焊接热循环曲线有哪些影响？

（2）还有哪些因素影响焊接热循环曲线？

（3）如何根据热循环实验指导制定实际焊接工艺规范，如何利用焊接热循环曲线分析接头热影响区的组织和性能变化？

（4）试以理论公式计算离熔合线最近的某一点上的最高加热温度 T_m、相变点以上高温停留时间以及 550 ℃瞬时冷却速率，比较计算结果与实验测量结果，并说明产生误差的原因。

实验六 焊条电弧焊实验

一、实验目的

（1）熟悉手工电弧焊接的基本原理和操作步骤。

（2）学习焊接技术的操作技巧。

（3）分析焊接缺陷及其成因。

（4）理解焊接材料的性能变化。

（5）掌握焊接质量的评定标准和方法。

二、实验原理

手工电弧焊也称焊条电弧焊，是工业生产中应用最广泛的焊接方法，利用焊条和焊件之间的电弧使金属和母材熔化形成焊缝。如图 2-3 所示，焊接过程中，在电弧高热作用下，焊条和被焊金属局部熔化。由于电弧的吹力作用，在被焊金属上形成了一个椭圆形充满液体金属的凹坑，这个凹坑称为熔池，同时熔化了的金属向熔池过渡。焊条药皮熔化过程中产生一定量的保护气体和液态熔渣，产生的气体充满在电弧和熔池周围，起隔绝大气的作用。液态熔渣浮起盖在液体金属上面，也起保护液体金属的作用。熔池中液态金属、液态熔渣和气体间进行复杂的物理、化学反应，称为冶金反应。这种反应起精炼焊缝金属的作用，能够提高焊缝质量。手工电弧焊接是用手工操作焊条进行焊接的电弧焊接方法。该方法工艺灵活，适应性强，设备简单，生产成本低，不受环境、焊接位置等因素的限制，尽管工艺较为落后，但在生产和培训中仍被列为首位。手工电弧焊时，在焊条末端和工件之间燃烧的电弧所产生的高温使焊条药皮与焊芯及工件熔化，熔化的焊芯端部迅速形成细小的金属熔滴，通过弧柱过渡到局部熔化的工件表面，融合在一起形成熔池。药皮熔化过程中产生的气体和熔渣，不仅使熔池和电弧周围的空气隔绝，而且和熔化的焊芯、母材发生一系列冶金反应，保证所形成焊缝的性能。随着电弧以适当的弧长和速度在工件上不断地前移，熔池液态金属逐步冷却结晶，形成焊缝。

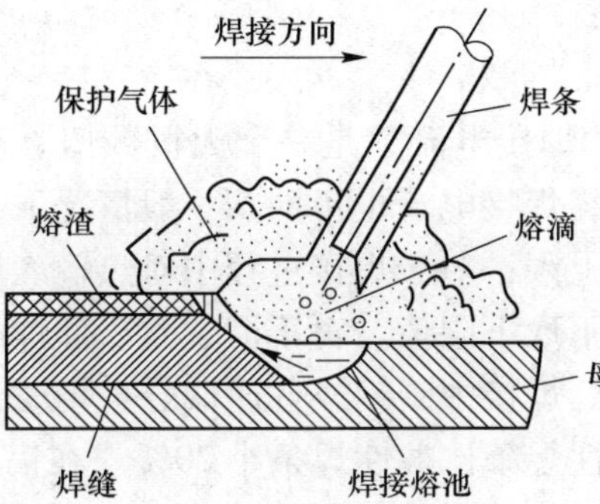

图 2-3　电弧焊过程示意图

（一）碳钢焊条的选择

一般按焊缝与母材等强的原则选用焊条，但在焊缝冷却速度大（如薄板施焊、单层焊）时也选用强度比母材低一级的焊条。厚板的多层焊及焊后需进行正火处理的情况，为防止焊缝强度低于母材，可选用强度高一级的焊条。不同强度级别的母材施焊，应选用强度级别较低钢种的焊条。

（二）低合金焊条的选用

对强度级别较低的钢材，其选用原则与低碳钢焊条相同，基本上是等强原则。对强度级别较高的钢材，特别是高强度钢，选用焊条时，应侧重考虑焊缝的塑性；对铬钼钢，则着眼于接头的高温性能；对于镍钢，则重点考虑焊缝的低温韧性。低合金异种钢焊接时，应该依照强度级别较低钢种选用焊条，施焊工艺则依照强度级别选择较高钢种工艺，同时还应注意其他因素。

（三）焊接工艺要求

手工电弧焊的工艺参数包括焊条直径、焊接电流、焊接速度、焊道层数、电源种类和极性等。

焊条直径选择：根据被焊工件厚度、接头形状、焊接位置和预热条件确定的焊条直径通常有 1.6 mm、2.5 mm、3.2 mm、5.0 mm、5.8 mm 等。带坡口多层焊时，首层用直径 3.2 mm 的焊条，其他各层用直径较大的焊条。立焊、仰焊或横焊，使用焊条直径不宜大于 4.0 mm 的焊条，以便形成较小的熔池，减少熔化金属下淌的可能性。焊接中碳钢或低合金钢时，焊条直径应适当比焊接低碳钢时要小一些。

焊接电流的选择：主要取决于焊条的类型、焊接材质、焊条直径、焊接厚度、接头形式、焊接位置及焊接层数等。在使用一包碳钢焊条时，焊接电流大小与焊条直径的关系为：

$$I = (35 \sim 55)d \tag{2-1}$$

式中 I——焊接电流，A；

d——焊条直径，mm。

根据式（2-1）求得的焊接电流只是一个大概数值。对于同样直径的焊条焊接不同材质和厚度的工件，焊接电流也不同。一般情况下，板越厚，焊接热量散失得越快，应取电流值的上限；对于焊接过程中对热输入要求严格的材料，应在保障焊接过程稳定的前提下取下限值。对于横、立、仰焊时，所用的焊接电流应比平均数值小 10%~20%。焊接中碳钢或普通低合金钢时，其焊接电流应比焊接低碳钢小 10%~20%，碱性焊条比酸性焊条小 20%。在锅炉和压力容器的实际焊接生产中，应按照焊接工艺规定的参数施焊。

电弧电压的选择：电弧电压是由电弧长度决定的，焊接过程中，要求电弧长度不宜过长，否则出现燃烧不稳定的现象。

焊接速度控制：较大的焊接速度可以获得较高的焊接生产率，但是焊接速度过大，会造成咬边、未焊透、气孔等缺陷；过慢的焊接速度又会造成熔池满溢、夹渣、未熔合等缺陷。对不同的钢材焊接速度应与焊接电流和电弧电压有适合的匹配，以便有一个合适的线能量。

电源种类和极性选择：电源种类和极性主要取决于焊条的类型。直流电源的电弧燃烧稳定，焊接接头质量容易保证；交流电源的电弧稳定性差，焊接质量也较难保证。利用不同的极性，可焊接不同要求的工件，如采用酸性焊条焊接厚度较大的焊件时，可采用直流正接法（焊条接负极，焊件接正极），以获得较大的熔深。焊接薄板时，可采用直流反接法，可防止烧穿。

焊接层数的选择：多层多道焊有利于提高焊接接头的塑性和韧性，除了低碳钢对焊接层数不敏感，其他钢种都希望采用多层多道无摆动法焊接，每层高不得大于 4 mm。

在焊接过程中，焊条电弧焊接的熔滴过渡形态及特征对焊条熔化效率、飞溅、焊接参数的稳定性等都有直接或间接的影响。焊条电弧焊接的熔滴过渡形态与焊条的工艺特性存在内在联系，其熔滴过渡类型分为粗熔滴过渡、渣壁过渡、爆炸过渡和喷射过渡四种。

（1）粗熔滴过渡。焊条熔滴以粗熔滴过渡时，具有以下特点：一是熔滴尺寸大，自由熔滴的颗粒度一般可长大到接近或超过焊芯的直径；二是在正常弧长时，熔滴过渡时发生桥接短路，桥接短路有时会出现爆炸飞溅；三是熔滴过渡频率低，一般为 1.5 ~3 次/s。因此，这种过渡方式也称为粗熔滴短路过渡或短路过渡。

（2）渣壁过渡。焊条端部的熔化金属，沿药皮套筒壁面流向熔池的一种过渡形式。这种过渡形式与粗熔滴短路过渡相比，熔滴尺寸小，一般不超过焊芯直径。当熔滴在焊条端部形成、长大，直到脱离焊芯端部之前，一个熔滴不会占据焊芯的整个端面，而在焊芯端面处，可以同时存在两个或两个以上的熔滴，这是渣壁过渡独有的现象。

（3）爆炸过渡。焊条金属熔滴在形成、长大或过渡过程中，由于激烈的冶金反应，在熔滴内部产生 CO 气体，使熔滴急剧膨胀发生爆裂而形成的一种金属过渡形式。熔滴的这种爆炸现象，多半发生在熔滴悬挂在焊条末端尚未脱离焊条断部时，有时也发生在熔滴的过渡过程中，熔滴过渡频率一般为 30 ~50 次/s。

（4）喷射过渡。焊条金属的熔滴呈细碎的颗粒由套筒内喷射出来，并以喷射状态快速通过电弧空间向熔池过渡，其熔滴细碎程度比爆炸过渡还要细得多，熔滴过渡频率一般为 100 ~150 次/s。

以上四种形态是焊条熔滴过渡的基本过渡形态。除了上述四种过渡形态，还存在一种较为常见的过渡形态，可称为熔滴的自由过渡。这种过渡形态是在熔滴形成过程中，由于某种力的作用（不是由于爆炸），从停留在焊条端部的大熔滴中，分离出较小的熔滴，这个小熔滴又远离套筒，不能形成渣壁过渡，于是“自由地”飘落到熔池，从而形成“自由过渡”。熔滴的“自由过渡”可以看作焊条熔滴过渡形态的一个特例。实际上任何一种焊条都不可能以“自由过渡”为主要过渡形式，这种过渡形式又和四种基本过渡形式相伴发生。

三、实验设备及材料

（1）焊接设备：手工电弧焊接机、焊枪、焊接电源。

（2）焊接材料：焊条、焊接母材（金属板）。

（3）安全装备：焊接面罩、焊手套、防护服、防火设备、通风设备。

四、实验步骤

手工电弧焊是一种常见的金属连接方法，广泛应用于工业生产和维修领域。下面将介绍手工电弧焊的四个步骤：准备工作、电弧点火、焊接操作和焊缝处理。

（1）准备工作：在进行手工电弧焊前，需要做好以下准备工作。首先，确保焊接设备和工具的正常运行，检查焊机、焊钳、电源线等设备是否完好无损。其次，选择合适的电焊材料，如焊条、气体等。根据所需焊接材料的不同，选择相应的焊条。此外，要确保焊接工作区域周围没有易燃物品，并保持通风良好。

（2）电弧点火：电弧点火是手工电弧焊的第一个步骤。首先，将焊机的电源线插入电源插座，并将焊接工件与焊接地线连接。其次，根据焊接材料和焊接要求，选择合适的焊条，并将焊条装入焊钳。再次，将焊钳的负极夹紧在焊接工件上。最后，按下电焊机的电流开关，使电弧在焊接工件上点燃。

（3）焊接操作：焊接操作是手工电弧焊的核心步骤。首先，保持焊枪与焊接工件的稳定角度，通常为45°左右。然后，通过控制焊接的位置和角度使电弧在焊条和焊接工件之间形成熔化的金属池。在焊接过程中要保持均匀的焊接速度和适当的电流强度，以确保焊接质量。同时要注意焊接工件的预热和熔化金属的流动，以避免焊接缺陷和变形。

（4）焊缝处理：焊缝处理是手工电弧焊的最后一步。焊接完成后，需要对焊接处进行处理，以提高焊接质量。首先，将焊接处的焊渣清除干净，可以使用刮削或磨削的方法。其次，对焊接处进行打磨和抛光，使焊缝表面平整光滑。最后，对焊接处进行检查，确保焊缝无裂纹和气孔等缺陷，并进行必要的修补。

总结：手工电弧焊是一种常见的金属连接方法，它包括准备工作、电弧点火、焊接操作和焊缝处理四个步骤。在进行手工电弧焊前，需要做好焊接设备和工具的准备工作，并确保焊接工作区域的安全和通风。电弧点火是手工电弧焊的第一个步骤，需要正确选择焊条和点燃电弧。焊接操作是手工电弧焊的核心步骤，需要控制焊钳的位置和角度，保持均匀的焊接速度和适当的电流强度。焊缝处理是手工电弧焊的最后一步，包括清除焊渣、打磨抛光和检查修补焊缝。通过正确操作和处理，可以获得高质量的焊接接头。

五、实验报告

（1）实验报告内容应包括：1）实验名称；2）实验目的；3）回答思考与讨论题目，总结实验的心得体会等内容。

（2）实验报告书写在专用实验报告纸上，要求用正楷字体规范撰写，绘图要用直尺等绘图工具。

六、思考题

（1）什么是自持放电和非自持放电？

（2）电弧中带电粒子的产生方式是什么？

（3）电离能的高低与电弧稳定性有什么关系？

（4）什么叫做电离、解离？

（5）什么是热发射，有什么特点？什么情况下发生场发射，有什么特点？

实验七　钨极氩弧焊设备与工艺实验

一、实验目的

（1）了解钨极氩弧焊设备的基本构成、基本原理、主要类型及主要电气特点。

（2）熟悉钨极氩弧焊机的基本操作方法，学会钨极氩弧焊的基本方法。

（3）掌握钨极氩弧焊的雾化机理及钨极烧损规律。

（4）了解铝及铝合金焊接时，阴极清理作用对焊缝成型的影响。

（5）了解直流分量的产生原因、危害以及消除方法。

二、实验原理

钨极氩弧焊时常被称为 TIG 焊。TIG 焊是在惰性气体的保护下，利用钨极与焊接间的电弧熔化母材和填充焊丝（也可不加填充焊丝）形成焊缝的焊接方法。焊接时保护气体从焊枪的喷嘴中连续喷出，在电弧周围形成保护层隔绝空气，保护电极和焊接熔池以及邻近热影响区，以形成优质的焊接接头。TIG 焊分为手工和自动两种。

焊接时，用难熔金属钨或钨合金制成的电极基本上不熔化，故容易维持电弧长度的恒定。填充焊丝在电弧的前方添加，当焊接薄件时，一般不需开坡口和填充焊丝；还可采用脉冲电流以防止烧穿焊件。焊接厚大焊件时，也可将焊丝预热后，再添加到熔池中，以提高熔敷速度。TIG 焊一般采用氩气保护气体，如图 2-4 所示。在焊接厚板、高导热率或高熔点金属等情况下，也可采用氦-氩混合气作保护气体。在焊接不锈钢板、镍基合金和镍铜合金时可采用氩-氢混合气体作保护气体。

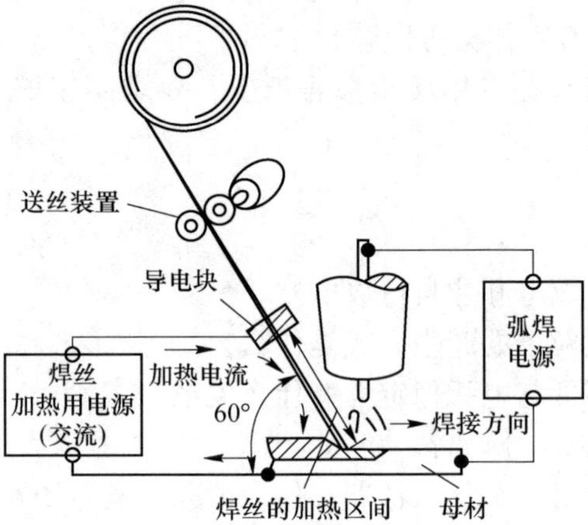

图 2-4 TIG 焊示意图

TIG 焊的特点如下:

(1) 可焊的金属多，氩气能有效隔绝焊接区周围的空气，它本身又不溶于金属，不与金属反应；TIG 焊过程中电弧还有自动清除焊件表面氧化膜的作用，因此，可成功地焊接其他焊接方法不易焊接的易氧化、易氮化、化学活泼性强的有色金属、不锈钢和各种合金。

(2) 适应能力强、钨极电弧稳定，即使在很小的焊接电流下也能稳定燃烧；不会产生飞溅，焊缝成型美观；热源和焊丝可分别控制，因此热输入量容易调节，特别适合于薄件、超薄件的焊接；可进行各种位置的焊接，易于实现机械化和自动化焊接。

(3) 焊接生产率低，钨极承载电流能力较差，过大的电流会引起钨极熔化和蒸发，其颗粒可能进入熔池，造成夹钨。因此，TIG 焊使用的电流较小，焊缝熔深浅，熔敷速度小，生产率低。

(4) 生产成本较高，由于惰性气体较贵，与其他焊接方法相比生产成本高，所以主要用于要求较高产品的焊接。

TIG 焊的应用有以下方面:

TIG 焊几乎用于所有钢材、有色金属及其合金的焊接，特别适合化学性质活泼的金属及其合金，常用于不锈钢、高温合金、铝、镁、钛及其合金和难熔的活泼金属（如锆、钼、铌等）和异种金属的焊接。TIG 焊容易控制焊缝成型，容易实现单面焊双面成型，主要用于薄件焊接或厚件的打底焊。脉冲 TIG 焊特别适于焊接薄板和全位置管道对接焊。但是，由于钨极的载流能力有限，电弧功率受到限制，焊缝熔深浅，焊接速度低，TIG 焊一般只用于焊接厚度在 6 mm 以下的焊件。

TIG 焊是用高熔点的钨合金作为电极，与被焊工件之间形成电弧加热熔化工件和焊丝的一种非熔化极焊接方法。图 2-5 所示为 TIG 焊接系统构成示意图。焊接过程中保护气体从氩气瓶 10 中经过减压器 9、流量计 8 和电磁气阀 7 从焊枪 4 的喷嘴中喷出，在钨电极 3 及电弧和熔池周围形成气体保护层，防止空气的卷入。焊接过程中可以从电弧旁边填充焊丝 2（也可不填充焊丝）。根据所用电源种类的不同，TIG 焊可分为直流 TIG 焊、交流 TIG 焊、脉冲 TIG 焊及变极性 TIG 焊等类型。

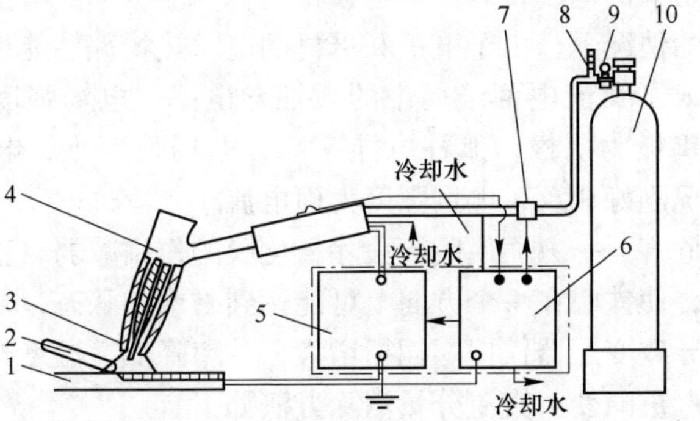

图 2-5　TIG 焊接系统构成示意图

1—工件；2—填充焊丝；3—钨电极；4—焊枪；5—电源；6—控制箱；7—电磁气阀；8—流量计；9—减压器；10—氩气瓶

（一）直流 TIG 焊工艺

直流 TIG 焊没有极性变化，当采用直流正接时，钨极是负极，钨极熔点高，在高温时电子发射能力强，电弧燃烧稳定性更好。

（1）直流反接。直流反接时，钨极为正极受热大，工件为负极，熔点低，且面积大，发射电子能力弱，电弧稳定性差，具有阴极清理作用。直流反接时，阴极斑点有自动寻找氧化膜的性质。这是由于金属氧化膜逸出功小，容易发射电子，所以氧化膜上容易形成阴极斑点并产生电弧。阴极清理作用的实质是：因为阴极斑点的能量密度很大，被质量很大的正离子撞击，使氧化膜破碎。

阴极雾化：当阴极斑点处受弧柱中正离子流的强烈撞击时，温度很高，其氧化膜很快被汽化破碎，显露出纯净的金属表面，电子发射条件也由此变差，阴极斑点转移到邻近有氧化膜存在的地方，如此下去，就会自动地把工件表面的氧化膜清除，这种现象称为阴极雾化或阴极破碎现象。阴极雾化是指通过阴极的电子发射特性，使氧化膜产生分解。

（2）直流正接。直流正接时，工件接正极没有去除氧化膜的作用。一般用于焊接除铝、镁及其合金外的金属，因为其他金属及其合金不存在高熔点金属氧化物的问题。直流正接的优点为：由于工件被电子轰击放出全部动能和位能，产生大量的热，所以熔池深而窄，工件的收缩和变形都小；另外，由于钨极在发射电子时需要付出大量的逸出功，所以，钨极上产生的热量较小，钨极不易过热；钨棒的热发射力很强，所以电弧的稳定性也比反极性好。

（二）交流 TIG 焊工艺

焊接铝、镁合金一般都用交流电，这样在交流负极性的半波中，阴极有去除氧化膜的作用，它可以清除熔池表面的氧化膜。在正极性的半波中，钨极得到冷却，同时又发射足够的电子，有利于电弧稳定。

在交流电弧的情况下，由于电极和母材的电、热物理性能以及几何尺寸的方面存在差异，造成了交流电两半周中的弧柱导电率、电场强度和电弧电压不对称，正半周内，钨极为阴极，弧柱电导率高，电场强度小，电弧电压低而电流大，而母材的情况刚好相反，电场强度大而电流小。

直流分量的危害：一方面使阴极去除氧化膜的作用减弱，直流磁通叠加在原来的交变磁通上，使铁心在一个方向上可能达到磁饱和状态，导致变压器的励磁电流大大增加，导致变压器铁损、铜损增大，效率降低，温度升高；另一方面使焊接电流的波形严重畸变。直流分量消除方法如下：

（1）串入直流电源法。在电路中串一个蓄电池，使其产生直流电与直流分量大小相等，方向相反。

（2）串入电容法。电容能让交流电顺利通过，而直流电却无法通过。用此法消除直流分量，效果较好。

（3）串入二极管法。利用二极管单向导电的作用，电流 I 由电阻 R 处流过，可减小直流分量。

（三）脉冲 TIG 焊工艺

脉冲 TIG 焊工艺是由焊接电源向电弧提供按一定规律变化的脉冲电流进行焊接的方法。焊接过程由基本电流维持电弧稳定燃烧，用可控的脉冲电流加热熔化工件，每一个脉冲形成一个点状熔池，脉冲间隙熔池凝固成焊点，下一个脉冲电流作用时，在一部分凝固的焊点上又有部分填充金属和母材金属被熔化，形成新的熔池，通过焊速和脉冲间隙的调节，得到相互搭接的焊点，最后获得连续焊缝。

脉冲 TIG 焊是通过调节脉冲频率、脉冲宽度比、脉冲电流值等参数来控制热输入量的大小，从而控制熔池的体积、熔深、热影响区大小，最后达到完美的焊缝成型。适宜焊接薄板，特别是全位置管道对接焊。脉冲 TIG 焊工艺可调工艺参数多，能精确控制焊接热输入和熔池的尺寸。提高焊缝抗烧穿能力，易获得均匀熔深。尤其适用于薄板（厚度≤1.0 mm）焊接、全位置焊接以及单面焊双面成型的焊接工艺。

（四）变极性 TIG 焊工艺

变极性 TIG 焊是一种输出电流频率、占空比、直流正极（DCEN）和直流反极（DCEP）的电流幅值均可独立调节的方波交流电源。其具有以下特点：首先，通过调节 DCEN 和 DCEP 电流的时间比和幅值比，既保证阴极雾化作用，又使电弧特点向直流钨极接负靠近，最大限度减少钨极为正的时间，从而获得最佳熔深、提高生产率和延长钨极的寿命；其次，可通过调节焊接规范，获得不同的电弧形状、电弧作用力和热输入，达到控制熔深和单面焊双面成型的目的。

（五）TIG 焊的特点

TIG 焊的优点是：保护效果好，故焊缝金属纯度高、性能好；焊接时加热集中，所以焊件变形与应力小；电弧稳定性好，在小电流（<10 A）时电弧也能稳定燃烧。适宜各种位置施焊，焊接过程很容易实现机械化和自动化。其缺点是：需要特殊的引弧措施，对工件清理要求高，生产率低，生产成本低。

（六）TIG 焊接设备组成

TIG 焊机由主电路系统、焊枪、气路系统、冷却系统和控制系统等部分组成。主电路系统：主要由焊接电源、高频振荡器、脉冲稳弧器和消除直流分量装置等组成。

焊枪：焊枪分为空冷式和水冷式两种，它们都由喷嘴、电极夹头、电极、夹持体、焊帽、手柄等组成。典型焊枪结构如图 2-6 所示。

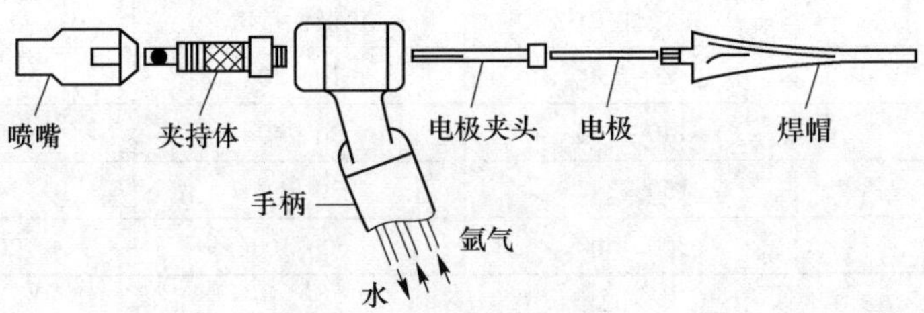

图 2-6　典型焊枪结构

气路系统：主要由氩气瓶、减压器、流量计和电磁气阀等组成。

冷却系统：一般焊接电流在 200 A 以上时，必须通水来冷却焊枪、电极和焊接电缆，冷却水接通并具有一定的压力后，才能启动焊接设备，通常设备中设有保护装置（水压开关）。

控制系统：焊接的控制系统能自动协调水、电、气等各个系统的工作顺序。焊接开始时，先送气后通电，焊接结束时，先断电后停气，必须有延时控制功能。

三、实验设备及材料

(1) 任意型号的直流 TIG 焊机(必备)、交流 TIG 焊机(可选)、脉冲 TIG 焊机(可选),各1台。

(2) 焊接面罩,若干个。

(3) 电子天平,1台。

(4) 游标卡尺,1把。

(5) 厚度为2~5 mm的低碳钢板和铝合金板,若干块。

(6) 氩气(99.95%),1瓶。

四、实验内容与步骤

(一) 了解 TIG 焊机的内部结构及主要性能参数

(1) 认识流量计、气路及焊枪等附属构件。

(2) 观察认识操作面板上的主要功能按钮,学习其操作方法。

(二) 直流正接/反接 TIG 焊钨极烧损规律试验

(1) 电弧弧长在2~3 mm内保持稳定,根据使用的钨电极的尺寸及电源的极性,参照表2-1分别选取大、中、小3个不同的电流值,并设定好气体流量等其他工艺参数。

表2-1 钨电极的许用焊接电流推荐值

钨极直径/mm	直流电流/A		交流电流/A
	正极性接法	负极性接法	
1~2	65~150	10~20	20~100
3	140~180	20~40	100~160
4	250~340	30~50	140~220
5	300~400	60~100	200~280

(2) 分别采用直流正接和反接两种方式,在一块低碳钢板上依次进行焊接操作。注意:保持每次试验的焊接时间大致相等,并记录每次试验的实际焊接时间。

(3) 焊接前后分别仔细称取钨电极的质量,并利用所有的相关数据在试验完成后分别计算电极烧损量。

(三) 铝合金 TIG 焊接时的阴极雾化现象观察

(1) 如果使用直流电源,则在相同的焊接参数条件下,分别采用直流正接法与直流反接法,在一块铝板上进行焊接试验,观察阴极雾化对表面氧化和成型的影响,测量阴极雾化区宽度。

（2）如果采用变极性电源，则通过调整阴极雾化脉冲的宽度和电流幅值来比较观察阴极雾化宽度的变化规律，并自行设计表格记录相应的数据。

五、实验报告

（1）实验报告内容应包括：1）实验名称；2）实验目的；3）回答思考与讨论题目，总结实验的心得体会等内容。

（2）实验报告书写在专用实验报告纸上，要求用正楷字体规范撰写，绘图要用直尺等绘图工具。

六、思考题

（1）为什么直流反接时钨电极的烧损更严重，什么情况下会采用直流反接法施焊？

（2）焊接铝合金时的阴极雾化现象的形成机理是什么？

（3）变极性 TIG 与交流 TIG 有什么差别？变极性 TIG 电源的优越性有哪些，主要应用在哪些焊接工艺中？

（4）直流分量是如何产生的，有什么危害以及如何消除？

（5）氩弧焊的原理是什么，为什么焊接质量高，有哪些特点？

（6）钨极氩弧焊时，为什么通常采用直流正接法？在焊接铝、镁及其合金时应采用什么电源和极性，为什么？

实验八　熔化极气体保护焊设备与工艺实验

一、实验目的

（1）了解熔化极气体保护焊基本原理。

（2）了解熔化极气体保护焊的结构，逐步掌握焊机的使用方法。

（3）熟悉熔化极气体保护焊工艺及设备的特点。

（4）了解影响熔滴短路过渡时电弧稳定性的因素，并掌握熔化极气体保护焊规范参数影响电弧稳定的规律与熔滴过渡的规律。

二、实验原理

（一）熔化极气体保护焊的基本原理

熔化极气体保护焊是以可熔化的金属焊丝作电极，并由气体作保护的电弧焊，如图 2-7 所示。焊丝盘 4 上的焊丝 3 和母材 1 之间引燃电弧 2 来熔化焊丝和加热母材，熔化的焊丝进入熔池 9 与母材 1 融合，凝固后即为焊缝金属 10。通过保护气罩 7 向焊接区喷出保护气体 8，使处于高温的待熔化焊丝、熔滴、熔池及附近的母材免受周围空气的有害作用。焊丝由送丝轮 5 经过导电嘴 6 连续地送进焊接区。操作方式主要是半自动熔化极气体保护焊和自动熔化极气体保护焊两种。作为填充金属的焊丝，有实心和药芯两类，前者一般含有脱氧用的和焊缝金属所需的合金元素；后者的药芯成分及作用与焊条的药皮相似。

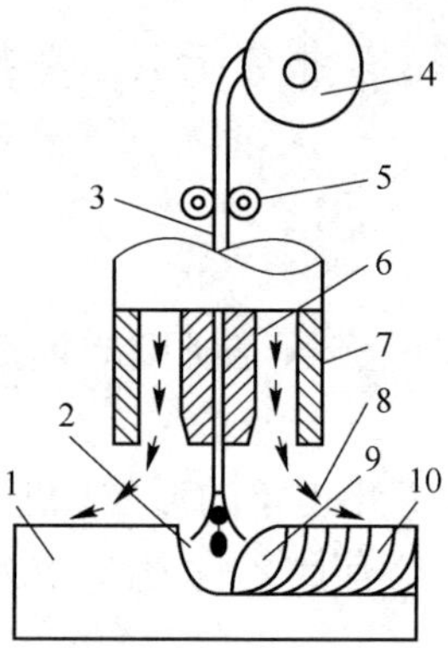

图 2-7 熔化极气体保护焊示意图

1—母材；2—电弧；3—焊丝；4—焊丝盘；5—送丝轮；6—导电嘴；7—保护气罩；8—保护气体；9—熔池；10—焊缝金属

熔化极气体保护焊与焊条电弧焊相比，具有焊接效率高、焊缝含氢量低、相同电流下熔深更大、焊厚板时焊接变形小、烟雾少的优点。与埋弧焊相比，具有可全位置焊接、无须清渣、明弧焊接的优点。同样也有应用受环境条件制约、半自动焊枪笨重、设备复杂的缺点。

MIG 焊（熔化极惰性气体保护焊）使用的惰性气体可以是氩（Ar）、氦（He）或 Ar 与 He 的混合气体。因惰性气体与液态金属不发生冶金反应，只起包围焊接区使之与空气隔离的作用，所以电弧燃烧稳定，熔滴向熔池过渡平稳、安定、无激烈飞溅。这种方法最适于铝、铜、钛等有色金属的焊接，也可用于钢材，如不锈钢、耐热钢等的焊接。

MAG 焊（熔化极活性气体保护电弧焊）使用的保护气体是由惰性气体和少量的氧化性气体混合而成的。加入少量的氧化性气体的目的是在不改变或基本上不改变惰性气体电弧特性的条件下，进一步提高电弧的稳定性，改善焊缝成型和降低电弧辐射强度等。这种方法常用于钢铁材料的焊接。

CO_2 焊使用的 CO_2 气体具有氧化性，本质上也属于 MAG 焊。CO_2 的来源广、成本低。由于 CO_2 的热物理特性和化学特性，需要在焊接过程中从设备、工艺及焊丝等方面采取措施，才能获得良好的焊接效果。这种方法常用于钢铁材料的焊接，在许多工艺部门中代替了焊条电弧焊和埋弧焊。

（二）焊枪系统

熔化极气体保护焊的焊枪分为半自动焊枪（手握式）和自动焊枪（安装在机械设置上），在焊枪内部装有导电嘴（紫铜或铬铜等）。焊枪还有一个向焊接区输送保护气体的通道和喷嘴。喷嘴和导电嘴根据需要都可方便地更换。此外，焊接电流通过导电嘴等部件时产生的电阻热和电弧辐射热一起，会使焊枪发热，故需要采取一定的措施冷却焊枪。冷却方式包括空气冷却、内部循环水冷却，或两种方式相结合。半自动焊枪通常有两种形式：鹅颈式和手枪式。鹅颈式焊枪适于小直径焊丝，使用灵活方便，特别适于紧凑部位、难以达到的拐角处和某些受限制区域的焊接。手枪式焊枪适于较大直径焊丝，它对于冷却效果要求较高，因而常采用内部循环水冷却。半自动焊枪可与送丝机构装在一起，也可分离。自动焊枪的基本构造与半自动焊枪相同，但其载流容量较大，工作时间较长，有时要采用内部循环水冷却。焊枪直接装在焊接机头下部，焊丝通过送丝轮和导丝管送进焊枪。

（三）送丝系统

送丝系统通常由送丝机（包括电动机、减速器、校直轮、送丝轮）、送丝软管、焊丝盘等组成。盘绕在焊丝盘上的焊丝经过校直轮和送丝轮送往焊枪。根据送丝方式的不同，送丝系统可分为以下四种类型。

1. 推丝式

推丝式是焊丝被送丝轮推送经过软管而达到焊点，是半自动熔化极气体保护焊的主要送丝方式。这种送丝方式的焊枪结构简单、轻便、操作维修都比较方便，但焊丝送进的阻力较大。随着软管的加长，送丝稳定性变差，一般送丝软管长度为3.5～4 m。

2. 拉丝式

拉丝式可分为三种形式：一种是将焊丝盘和焊枪分开，两者通过送丝软管连接。另一种是将焊丝盘直接安装在焊枪上。这两种都适用于细丝半自动焊，但前一种操作比较方便。还有一种是不但焊丝盘与焊枪分开，而且送丝电动机也与焊枪分开，这种送丝方式可用于自动熔化极气体保护焊。

3. 推拉丝式

推拉丝式的送丝软管最长可到15 m左右，扩大了半自动焊的操作距离。焊丝前进时既靠后边的推力，又靠前边的拉力，利用两个力的合力来克服焊丝在软管中的阻力。推拉丝两个动力在调试过程中要有一定配合，尽量做到同步，但以拉为主。焊丝送进过程中，始终要保持焊丝在软管中处于拉直状态。这种送丝方式常被用于半自动熔化极气体保护焊。

4. 行星式（线式）

行星式送丝系统是根据“轴向固定的旋转螺母能轴向送进螺杆”的原理设

计而成的。三个互为120°的滚轮交叉地安装在一块底座上，组成一个驱动盘。驱动盘相当于螺母，通过三个滚轮中间的焊丝相当于螺杆，三个滚轮与焊丝之间有一个预先调定的螺旋角。当电动机主轴带动驱动盘旋转时，三个滚轮即向焊丝施加一个轴向的推力，将焊丝往前推送。送丝过程中，三个滚轮一方面围绕焊丝公转，另一方面又绕着自己的轴自转。调节电动机转速即可调节焊丝送进速度。这种送丝机构可一级一级串联成为线式送丝系统，使送丝距离更长（可达到60 m）。若采用一级传送，可传送7～8 m。这种线式送丝方式适于输送小直径焊丝（ϕ0.8～12 mm）和钢焊丝，以及长距离送丝。

（四）熔化极气体保护焊的熔滴过渡形式

CO_2 气体保护焊的熔滴过渡特性对焊接过程的稳定性、合金元素的烧损、焊缝成型、飞溅及焊接接头的质量有很大的影响。可分为短路过渡、喷射过渡和大颗粒过渡三种。

1. 短路过渡

CO_2 气体保护焊采用细焊丝、小电流、低电压焊接时，熔滴是短路过渡。此时由于焊丝的熔化速度比送丝速度低，电弧长度变得很短，熔滴在还未充分长大时，就与熔池接触而形成短路。熔滴在重力和表面张力的作用下形成液体金属过桥，电弧熄灭。电弧电压很快降低，而短路电流迅速增加，产生强大的电磁收缩力，使液体金属以过桥形式颈缩而拉断，熔滴过渡进入熔池。短路过渡时，整个焊接过程稳定，飞溅少，焊缝成型美观，熔池尺寸较小。因此，实际生产中最适于焊接薄板以及全位置焊接。

2. 喷射过渡

喷射过渡时熔化金属从焊丝末端以很细的颗粒和很高的速度非轴线地射向熔池。CO_2 气体保护焊的喷射过渡，对于一定直径的焊丝（直径大于1.6 mm），焊接电流要达到一定数值（大于400 A）后才能形成。进入喷射过渡的转变电流称为临界电流。除此之外，还需要有一定的电弧长度，如果电弧电压很低，弧长过短，无论焊接电流数值有多大，也不能产生喷射过渡。喷射过渡电弧功率较大，电弧稳定，焊缝成型良好，穿透能力强，熔深较大，适于中厚板的平焊。

3. 大颗粒过渡

对于一定直径的焊丝（大于1.6 mm），当焊接电流未达到喷射过渡的临界电流时（小于400 A），熔滴就变大，随着焊接电流的降低，在焊丝末端产生熔滴飘晃现象，形成大颗粒过渡。过渡缓慢，电弧不稳定，飞溅增加，焊缝成型不良。因此，这种过渡形式在实际生产中不宜采用。

影响熔滴过渡的主要因素除焊丝直径、保护气体成分外，主要是焊接电流和电弧电压两个参数。所以在实际工作中，主要是通过调节焊接电流、电弧电压来控制熔滴的过渡尺寸。

(五) 熔化极气体保护焊的适用范围

1. 优点

(1) 保护气体无氧化性。熔化极气体保护焊使用的保护气体如氩气或氢气等，无氧化性，使电弧空间也具有无氧化性。这样在焊接过程中不会产生氧化，不需要在焊丝中加入脱氧剂，能够使用与母材同等成分的焊丝进行焊接。

(2) 电弧稳定。与 CO_2 气体保护电弧焊相比较，熔化极氩弧焊的电弧稳定，熔滴过渡稳定。这意味着焊接过程中飞溅少，焊缝成型美观。

(3) 高效。与 TIG 焊相比较，熔化极氩弧焊由于采用焊丝作电极，焊丝和电弧的电流密度大，焊丝熔化速度快，熔化率高，母材熔深大，焊接变形小，焊接生产率高。这使熔化极气体保护焊在焊接效率和效果上优于 TIG 焊。

(4) 清理作用。MIG 焊采用焊丝为正极的直流电弧来焊接铝及铝合金时，对母材表面的氧化膜有良好的阴极清理作用。这有助于提高焊接质量和效率。

2. 缺点

(1) 设备成本高。熔化极气体保护焊设备成本相对较高，需要使用专业的焊接电源和保护气体。

(2) 需要专业操作。熔化极气体保护焊需要专业操作技能，对非专业人员来说可能难以掌握。

(3) 适用范围有限。熔化极气体保护焊适用于金属材料的焊接，对于一些非金属材料的焊接可能不适用。

(4) 需要维护。熔化极气体保护焊设备需要定期维护和保养，以确保其正常运行。

(六) 熔化极气体保护焊的操作技术及安全

1. 一般注意事项

(1) 防止紫外线辐射伤害，焊前检查护具完整性。

(2) 防止低熔点重金属蒸气和焊接粉尘危害，操作者要戴口罩并保持焊接现场良好通风。

2. 实验中可能发生的事故及应急处理措施

(1) 起弧焊接时要告知周边的同学防止强烈的弧光伤眼。如果弧光伤眼，一般不用紧张，晚上眼睛会有刺痛感，一般过一两天会自愈，情况严重时要及时就医。

(2) 如果发生火灾或触电等事故，首先必须果断切断电源，然后视情况的严重程度采取相应处理措施。

三、实验设备与材料

（1）任意型号 CO_2 气体保护焊机（带送丝机和半自动焊枪），1 台。

（2）气体：焊接用 CO_2 气体，1 瓶。

（3）焊丝：与所用焊枪配套的细丝（直径小于 1.6 mm）和粗丝（直径大于 1.6 mm）焊丝，各 1 盘；母材试板：8 ~ 12 mm 厚 Q235 钢板，若干块。

四、实验内容与步骤

（一）熔化极气体保护焊设备的构成与性能

关闭电源，打开焊机外壳，认识所用型号焊机中的变压器、整流桥和电抗器等主要内部结构。认识流量计、气路及焊枪等附属构件。

（二）熔化极气体保护焊工艺基本操作

（1）用砂纸将被焊母材试样表面的氧化皮清理干净，放置在工作台上并与焊接电源地线可靠连接。

（2）打开焊接电源开关，在控制面板上输入给定的焊接参数。

（3）打开气瓶，调节流量计至合适的气体流量。

（4）打开冷却循环水系统，保证水路工作正常。

（5）测试焊枪，保证送丝、送气工作正常。

（6）启动焊接开关，进行焊接。

（7）焊接完毕，关气瓶、循环水及电源。

五、实验报告

（1）实验报告内容应包括：1）实验名称；2）实验目的；3）回答思考与讨论题目，总结实验的心得体会等内容。

（2）实验报告书写在专用实验报告纸上，要求用正楷字体规范撰写，绘图要用直尺等绘图工具。

六、思考题

（1）熔化极气体保护焊机由哪几部分组成，各有什么作用？

（2）为了增加熔深，焊接角焊缝打底层焊道时，需要注意哪些事项？

（3）在进行熔化极气体保护焊时，分别采用 CO_2 气体和混合气体进行保护，对焊接操作和焊缝成型会有什么影响？

（4）以板对接平焊为例，如何选择工艺参数及各参数对焊缝成型有什么影响？

实验九　埋弧自动焊设备与工艺实验

一、实验目的

（1）掌握埋弧焊的原理和特点。

（2）了解 MZ-1000 埋弧自动焊机的组成、结构特点、操作方法，能够进行埋弧焊机的操作。

（3）掌握埋弧焊的焊接工艺参数及其设定，能够正确选择埋弧焊工艺参数。

（4）观察电弧电压及电弧电流对焊缝熔深及熔宽的影响。

（5）掌握焊接电流、焊接电压等焊接参数对埋弧焊焊缝成型的影响规律。

二、实验原理

（一）埋弧焊的基本原理

埋弧焊是机械化焊接方法，与焊条电弧焊相比，虽然灵活性差一些，但焊接质量好、效率高、成本低，是工业生产中常见的焊接方法之一。埋弧焊的基本原理如图 2-8 所示。其焊接过程是焊接电弧在焊剂层下的焊丝与母材之间燃烧，电弧热使周围的母材、焊丝和焊剂熔化和部分汽化，金属和焊剂蒸气在焊剂形成一个气泡，电弧就在这个气泡内燃烧。气泡外部被一层熔化的焊剂（熔渣）外膜包围，起到隔绝空气、绝热和屏蔽光辐射的作用。随着焊丝向前移动，后方的焊缝金属及熔渣逐渐冷却凝固，脱掉渣壳即可看到表面成型十分光滑的焊缝。在焊接过程中，熔渣除了对熔池和焊缝金属起机械保护作用，还与熔化金属发生冶金反应（如脱氧、去杂质、渗合金等），从而影响焊缝金属的化学成分。

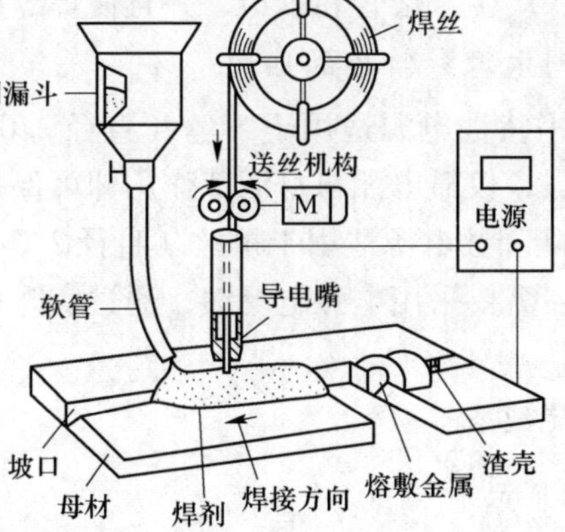

图 2-8　埋弧自动焊系统基本构成示意图

（二）焊接规范参数对焊缝成型的影响

埋弧焊规范参数为：焊接电流（D）、电弧电压（U）、焊接速度（V）、焊丝直径和伸出长度等。

（1）焊接电流。一般焊接条件下，焊缝熔深与焊接电流成正比。随着焊接电流的增加，熔深和焊缝余高都显著增加，而焊缝的宽度变化不大。同时，焊丝的熔化量也相应增加，这就使焊缝余高增加。

（2）电弧电压。电弧电压的增加，焊接宽度明显增加，而熔深和焊缝余高则有所下降。但是电弧电压太大时，不仅使熔深变小，产生未焊透，而且会导致焊缝成型差、脱渣困难，甚至产生咬边等缺陷。所以在增加电弧电压的同时，还应适当增加焊接电流。

（3）焊接速度。当其他焊接参数不变而焊接速度增加时，焊接热输入量相应减小，从而使焊缝的熔深也减小，焊接速度太快会造成未焊透等缺陷。为保证焊接质量必须保证一定的焊接热输入量，即为了提高生产率而提高焊接速度的同时，应相应提高焊接电流和电弧电压。

（4）焊丝直径和伸出长度。当其他焊接参数不变而焊丝直径增加时，弧柱直径随之增加，即电流密度减小，会造成焊缝宽度增加，熔深减小；反之，则熔深增加及焊缝宽度减小。当其他焊接参数不变而焊丝长度增加时，电阻也随之增大，伸出部分焊丝所受到的预热作用增加，焊丝熔化速度加快，结果使熔深变浅，焊缝余高增加，因此需控制焊丝伸出长度，不宜过长。

（5）焊丝倾角。焊丝的倾斜方向分为前倾和后倾。倾角的方向和大小不同，电弧对熔池的力和热作用也不同，从而影响焊缝成型。当焊丝后倾一定角度时，由于电弧指向焊接方向，熔池前面的焊件受到了预热作用，电弧对熔池的液态金属排出作用减弱，而导致焊缝宽度变大而熔深变浅；反之，焊缝宽度较小而熔深较大，但易使焊缝边缘产生未熔合和咬边，并且使焊缝成型变差。

（三）选丝方式与电源外特性的匹配

（1）等速送丝配平特性电源适用于细丝（直径 2.0 mm 及以下）。这种情况下，电弧自调节作用强，仅靠电弧自身调节作用即可保持电弧的稳定燃烧。

（2）变速送丝配陡降性电源适用于粗丝（直径 2.0 mm 以上）。这种情况下，电弧自调节作用较弱，需要采用电弧电反馈，通过实时控制电弧长度来保持电弧的稳定燃烧。

（四）埋弧焊的优缺点

1. 埋弧焊的主要优点

（1）所用的焊接电流大，相应输入功率较大，加上焊剂和熔渣的隔热作用，热效率较高，熔深大。工件的坡口较小，减少了填充金属量。单丝埋弧焊在工件不开坡口的情况下，一次可熔透 20 mm。

（2）焊接速度快，以厚度 8 ~ 10 mm 的钢板对接焊为例，单丝埋弧焊速度可达到 50 ~ 80 cm/min，手工电弧焊则不超过 10 ~ 13 cm/min。

（3）焊剂的存在不仅能隔开熔化金属与空气的接触，而且使熔化金属较慢凝固。液体金属与熔化的焊剂间有较长时间进行冶金反应，减少了焊缝中产生气孔、裂纹等缺陷的可能性。焊剂还可以向焊缝金属补充一些合金元素，提高焊缝金属的力学性能。

（4）在有风的环境中焊接时，埋弧焊的保护效果比其他电弧焊方法好。

（5）自动焊接时，焊接参数可通过自动调节保持稳定，与手工电弧焊相比，焊接质量对焊工技艺水平的依赖程度可大大降低。

（6）没有电弧光辐射，劳动条件较好。

2. 埋弧焊的主要缺点

（1）由于采用颗粒状焊剂，这种焊接方法一般只适用于平焊位置，其他位置焊接需采用特殊措施以保证焊剂能覆盖焊接区。

（2）不能直接观察电弧与坡口的相对位置，如果没有采用焊缝自动跟踪装置，则容易焊偏。

（3）埋弧焊电弧的电场强度较大，电流小于 100 A 时电弧不稳，因而不适于焊接薄板。

（五）埋弧焊的使用范围

由于埋弧焊熔深大，生产率高，机械化操作的过程高，因而适于焊接中厚板结构的长焊缝。在造船、锅炉与压力容器、桥梁、起重机械、铁路车辆、工程机械、重型机械和冶金机械、核电站结构、海洋结构等制造部门有着广泛的应用，是当今焊接生产中最普遍使用的焊接方法之一。随着焊接冶金技术与焊接材料生产技术的发展，埋弧焊能焊的材料已从碳素结构钢发展到低合金结构钢、不锈钢、耐热钢等以及某些有色金属，如镍基合金、钛合金、铜合金等。

（六）埋弧焊的操作技术及安全

1. 对接直焊缝焊接技术

对接直焊缝的焊接方法有两种基本类型，即单面焊和双面焊。根据钢板厚度又可分为单层焊、多层焊，又有各种衬垫法和无衬垫法。

焊剂垫法埋弧自动焊。在焊接对接焊缝时，为了防止熔渣和熔池金属的泄漏，采用焊剂垫作为衬垫进行焊接，焊剂垫的焊剂与焊接用的焊剂相同。焊剂要与焊件背面贴紧，能够承受一定的均匀的压力，要选用较大的焊接规范，使工件熔透，以达到双面成型，手工焊封底埋弧自动焊，对无法使用衬垫的焊缝，可先采用手工焊进行封底，然后采用埋弧焊。

悬空焊。悬空焊一般用于无坡口、无间隙的对接焊，它不用任何衬垫，装配间隙要求非常严格。为了保证焊透，正面焊时要焊透工件厚度的40%~50%，背面焊时必须保证焊透60%~70%。在实际操作中一般很难测出熔深，经常是靠焊接时观察熔池背面颜色来判断估计，所以要有一定的经验。

多层埋弧焊。对于较厚钢板，一次不能焊完的，可采用多层焊。第一层焊时，规范不要太大，既要保证焊透，又要避免裂纹等缺陷。每层焊缝的接头要错开，不可重叠。

2. 对接环焊缝焊接技术

圆形筒体的对接环焊缝的埋弧焊要采用带有调速装置的滚胎，如果需要双面焊，第一遍需将焊剂垫放在下面筒体外壁焊缝处，将焊接小车固定在悬臂架上，伸到筒体内焊下平焊，焊丝应偏移中心线下坡焊位置上；第二遍正面焊接时，在筒体外上平焊处进行施焊。

3. 角接焊缝焊接技术

埋弧自动焊的角接焊缝主要出现在T形接头和搭接接头中，一般可采取船形焊和斜角焊两种形式。

4. 埋弧半自动焊

埋弧半自动焊主要是软管自动焊，其特点是采用较细直径（≤2 mm）的焊丝，焊丝通过弯曲的软管送入熔池。电弧移动靠手工来完成，而焊丝送进是自动的。半自动焊可代替自动焊焊接一些弯曲和较短的焊缝，主要应用于角焊缝，也可用于对接焊缝。

5. 埋弧焊的安全操作技术

埋弧自动焊机的小车轮子要有良好绝缘，导线应绝缘良好，工作过程中应理顺导线防止扭转及被熔渣烧坏。控制箱和焊机外壳应可靠地接地（零）和防止漏电。接线板罩壳必须盖好。焊接过程中，应注意防止焊剂突然停止供给而发生强烈弧光裸露灼伤眼睛。所以，焊工作业时应戴普通防护眼镜。半自动埋弧焊的焊把应有固定放置处，以防短路。埋弧自动焊熔剂的成分中含有氧化锰等对人体有害的物质，焊接时虽不像手弧焊那样产生可见烟雾，但将产生一定量的有害气体和蒸气。所以，在工作地点最好有局部的抽气通风设备。

三、实验设备与材料

（1）MZ-1000埋弧自动焊机。

（2）厚度为10~25 mm的Q235钢板，1块；H08A焊丝，1盘；HJ431焊剂，若干。

（3）焊丝剪、焊剂筛及钳子等辅助工具，若干。

四、实验内容与步骤

（一）了解实验所使用的埋弧自动焊机的基本结构

通过实验观察，了解埋弧自动焊机机械部分的组成，包括送丝机构（送丝传动机构、送丝滚轮和矫正滚轮等）、行走小车（包括行走传动机构、行走轮和离合器等，机头的调节机构和调节范围）、焊接电源及其控制面板等。

（二）熟悉埋弧自动焊机电气控制部分原理及作用

参照 MZ-1000 埋弧自动焊机的电气原理图，了解电气元件的布置及作用，并掌握控制箱、控制盘上各种开关、按钮及作用，观察电网、弧焊电源、控制箱、焊接小车等外部接线情况。

（三）焊机的空载调试

（1）焊接电流和焊接电压的确定及调节，根据所给试样的尺寸、形状，参照教材或《焊接手册》制定工艺方法和规范参数，并进行调节。

（2）送丝速度和行走小车的调试，根据确定的工艺参数，对小车的行走速度、方向，用秒表、钢板尺等进行测定及调试。

（四）埋弧焊工艺基本操作过程

（1）焊前准备：埋弧焊在焊接前必须做好准备工作。包括焊件的坡口加工、待焊部位的表面清理、焊件的装配以及焊丝表面的清理、焊剂的烘干等。

1）待焊部位的清理。焊件清理主要是去除锈蚀、油污及水分，防止气孔的产生。一般用喷砂、喷墨方法或手工清除，必要时用火焰烘烤待焊部位。在焊前应将坡口及坡口两侧各 20 mm 区域内及待焊部位的表面铁锈、氧化物、油污等清理干净。

2）焊件的装配。装配焊件时要保证间隙均匀，高低平整，错边量小，定位焊缝长度一般大于 30 mm，并且定位焊缝质量与主焊缝质量要求一致，必要时采用专用工具、卡具，对直缝焊件的装配，在焊缝两端要加装引弧板和引出板，待焊后再割掉，其目的是使焊接接头的始端和末端获得正常尺寸的焊缝截面，而且还可除去引弧和收尾容易出现的缺陷。

3）焊接材料的清理。埋弧焊用的焊丝和焊剂对焊缝金属的成分、组织和性能影响极大。因此，焊接前必须清除焊丝表面的氧化物、铁锈及油污等。焊丝保存时要注意防潮，使用前必须按规定的温度烘干待用。

（2）焊接过程如下：

1）确定焊接电压值及焊接速度；

2）确定焊丝伸出长度，一般为焊丝直径的 10 ~ 15 倍；

3）调节埋弧焊的导电极与工件距离，其距离在接触与非接触之间；

4）用铲子将焊剂均匀地堆敷在焊件上；

5）将控制板上的按钮调节到焊接处，焊接开始，此时，调节所需电压与电流；

6）当焊接即将结束时，按“关闭”按钮，并将“焊接”按钮调至自动按钮，待离开焊件以后再调至空挡；

7）用刷子扫去焊件表面的焊剂，用改锥使其脱离工作台，用钳子将其取下放在地上。

(3) 根据工件材质、厚度、焊丝直径、拉伸长度，确定焊接电流（I）、电弧电压（U）和焊接速度（v）各参数值。

（五）焊接规范参数对焊缝成型的影响

焊接电流（I）、电弧电压（U）和焊接速度（v）3个主要规范参数中，固定其中任意两个参数，改变另一个参数，分别进行3~5个不同规范的试板堆焊，并记录各参数，每块试板堆焊三道焊缝。

用砂轮切割机切开焊缝横断面，再用砂轮机磨平，砂纸磨光，抛光机抛光后用5%硝酸酒精腐蚀出焊缝横断面轮廓，然后测量焊缝基本尺寸H、B、a，计算出β值：

$$\varphi = B/H,\ \beta = B/a \tag{2-2}$$

式中 H——焊缝熔深，mm；
B——焊缝熔宽，mm；
a——焊缝余高，mm；
φ——焊缝成型系数；
β——焊缝增高系数。

五、实验报告

(1) 实验报告内容应包括：1）实验名称；2）实验目的；3）实验内容与实验步骤，包括实验内容、原理分析及具体实验步骤；4）实验设备及材料，包括实验所使用的器件、仪设备名称及规格；5）回答思考与讨论题目，总结实验的心得体会等内容。

(2) 实验报告书写在专用实验报告纸上，要求用正楷字体规范撰写，绘图要用直尺绘图工具。

六、思考题

(1) 埋弧焊的导电嘴与工件距离有要求吗？

(2) 所使用的机型电弧稳定燃烧时的最小电流是多少？

(3) 埋弧焊对电源的外特性有什么要求？

(4) 焊接电流变化对焊缝成型有什么影响？

第三章　材料热处理实验

实验十　钢的普通热处理

一、实验目的

（1）了解钢普通热处理（退火、正火、淬火、回火）的操作方法。

（2）分析钢在热处理时含碳量、加热温度、冷却速度及回火温度等主要因素对钢热处理后组织与性能的影响。

（3）了解金属材料的硬度。

二、实验原理

热处理是一种很重要的金属加工工艺方法，也是充分发挥金属材料性能潜力的重要手段。热处理之所以能使金属材料的性能发生显著变化，主要是因为金属材料的内部组织结构可以发生一系列的变化。通过这样的工艺过程能使钢的性能发生改变。

（一）钢的普通热处理

1. 钢的退火

钢的退火通常是把钢加热到临界温度 A_{c1} 或 A_{c3} 线以上，保温一段时间，然后缓慢地随炉冷却。此时，奥氏体在高温区发生分解，从而得到比较接近平衡状态的组织。一般中碳钢（如 40 号钢、45 号钢）经退火后消除了残余应力，组织稳定，硬度（HB）较低（180～220），有利于下一步进行切削加工。

图 3-1 是以 45 号钢为例的退火、正火、淬火工艺曲线。保温时间（min）的经验公式：

$$\tau = KD \tag{3-1}$$

式中　K——加热系数，一般 $K=1.5\sim2.0$ mm/min，若装炉量大，则可延长保温时间；

D——工件有效厚度，mm。

操作步骤如下：入炉→保温→出炉→炉冷。

退火硬度（HB）分析：45 号钢，HB≤197；42CrMo 钢，HB≤127；T8 钢，HB≤18；GCr15 钢，HB 为 179～207。图 3-2 所示的是 45 号钢退火的金相组织。

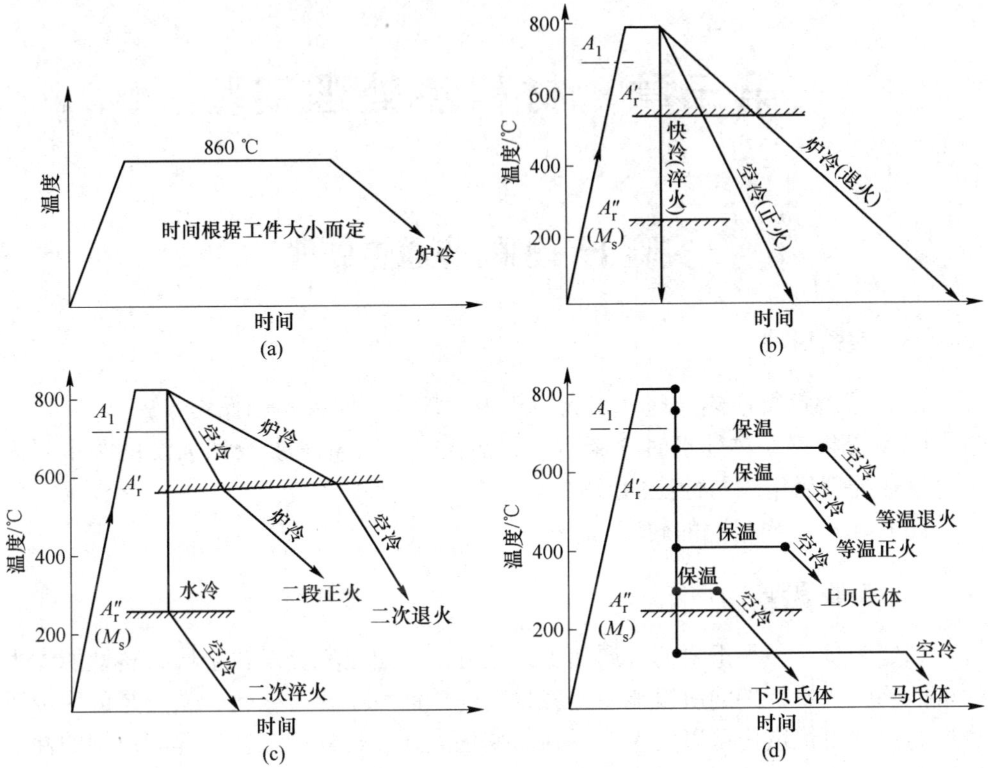

图 3-1 以 45 号钢为例的退火、正火、淬火工艺曲线

（a）普通热处理工艺曲线；（b）连续冷却工艺曲线；（c）二段式冷却工艺曲线；（d）等温冷却工艺曲线

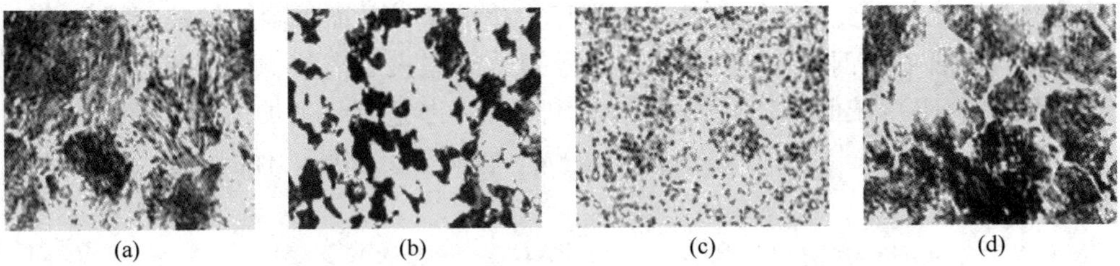

图 3-2 45 号钢退火的金相组织（400 ×）

（a）片状珠光体；（b）块状铁素体 + 片状珠光体；（c）球状珠光体；（d）网状铁素体 + 片状珠光体

2. 钢的正火

钢的正火通常是把钢加热到临界温度 A_{c3} 或 A_{cm} 线以上，保温一段时间，然后进行空冷。由于冷却速度稍快，与退火组织相比，组织中的珠光体量相对较多，

且片层较细密，故性能有所改善，细化了晶粒，改善了组织，消除了残余应力。对于低碳钢，正火后提高了硬度，可改善切削加工性，提高零件表面粗糙度；对于高碳钢，正火可消除网状渗碳体，为下一步球化退火及淬火做好组织准备。

图 3-1 所示的是以 45 号钢为例的正火工艺曲线，保温时间的经验公式见式(3-1)。

操作步骤如下：入炉→保温→出炉→空冷。

正火硬度（HB）分析：45 号钢，HB < 241；42CrMo 钢，HB < 231。

图 3-3 所示为正火的金相组织。

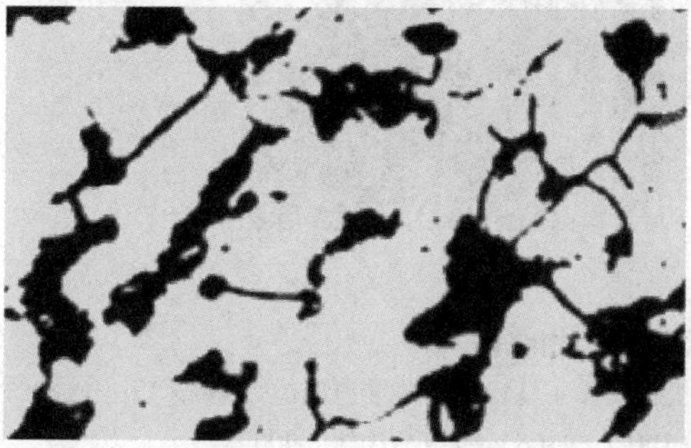

(a)

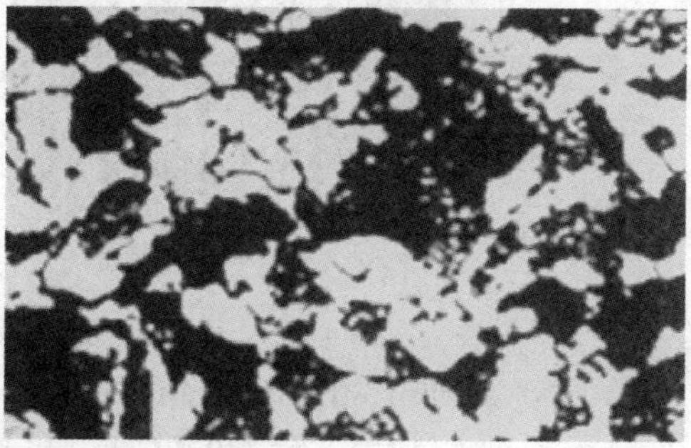

(b)

图 3-3　正火的金相组织（400 ×）

（a）块状铁素体 + 珠光体（20 号钢）；（b）块状铁素体 + 珠光体（45 号钢）

3. 钢的淬火

钢的淬火通常是把钢加热到临界温度 A_{c1} 或 A_{c3} 线以上，保温一段时间，然后放入各种不同的冷却介质中快速冷却（$v_{冷} > v_{临}$），以获得具有高硬度、高耐磨性的马氏体组织。

图 3-1 所示的是以 45 号钢为例的淬火工艺曲线，保温时间的经验公式参见式（3-1）。

操作步骤为：入炉→保温→出炉→油冷（或水冷），淬火硬度分析见表 3-1。

表 3-1　淬火硬度

材　料	淬火温度/℃	洛氏硬度（HRA）
45 号钢	840	约为 57
42CrMo 钢	850	约为 56
T8 钢	780	62 ~ 63
GCr15 钢	850	62 ~ 66

图 3-4 所示的是 45 号钢淬火的金相组织。

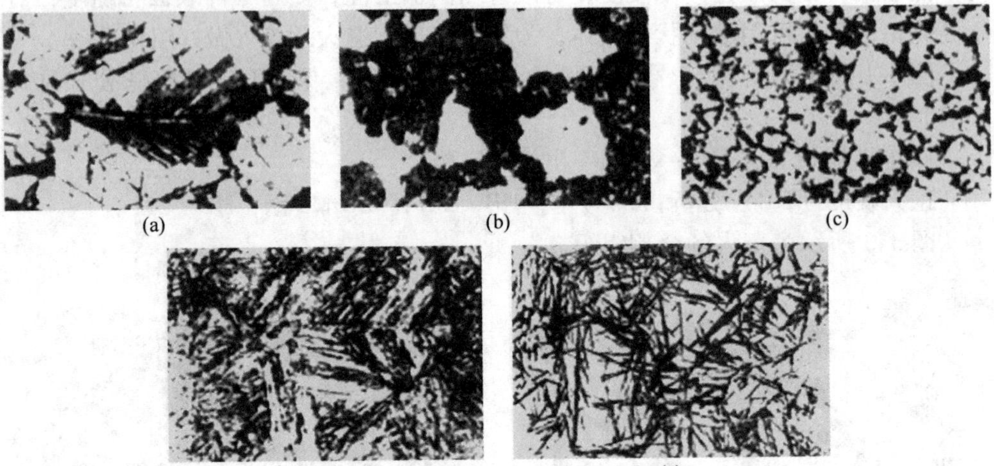
(a)　(b)　(c)　(d)　(e)

图 3-4　45 号钢淬火的金相组织

（a）上贝氏体 + 下贝氏体（400 ×）；（b）网状屈氏体 + 马氏体和残余奥氏体（400 ×）；
（c）网状屈氏体 + 马氏体和残余奥氏体（100 ×）；（d）板条马氏体（400 ×）；
（e）下贝氏体（400 ×）

4. 钢的回火

钢的回火通常是把淬火钢重新加热至 A_{c1} 线以下的一定温度，经过适当时间的保温后，冷却到室温的一种热处理工艺。由于钢经淬火后得到的马氏体组织硬而脆，并且工件内部存在很大的内应力，如果直接进行磨削加工则往往会出现龟裂，一些精密的零件在使用过程中将会引起尺寸变化从而失去精度，甚至开裂。因此，淬火钢必须进行回火处理。不同的回火工艺可以使钢获得各种不同的性能。

图 3-5 所示为 45 号钢的回火工艺曲线。

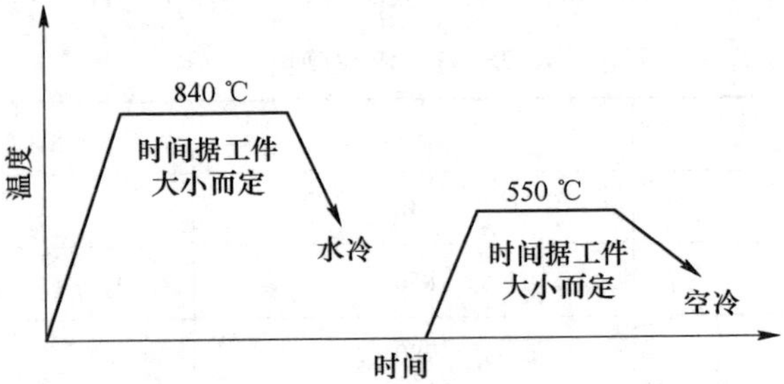

图 3-5　45 号钢的回火工艺曲线

保温时间的经验公式参见式（3-1）。

操作步骤如下：入炉→保温→出炉→水冷（或空冷）。

（1）650 ℃回火硬度值见表3-2。

表3-2　回火硬度

材　料	回火温度/℃	性　能
45号钢	650	HB≤300
42CrMo钢	680	HB≤217
T8钢	650	HRC：23～25
GCr15钢	650	HB：229～285

（2）淬火后系列回火温度对应硬度值见表3-3。

表3-3　淬火后回火硬度

温度/℃	材料的硬度（HRC）			
	45号钢	42CrMo钢	T8钢	GCr15钢
150	—	—	64	60
200	50～55	55	60	61
230	—	50	—	60
320	45～50	—	48	56
360	40～45	—	—	53
420	35～40	40	42	48
480	30～35	—	36	44
550	25～30	28	31	38
600	20～25	25	27	—

（二）钢的普通热处理工艺

1. 加热温度

碳钢普通热处理的加热温度，原则上取加热到临界温度 A_{c1} 或 A_{c3} 线以上30～50 ℃，但生产中应根据工件实际情况作适当调整。热处理加热温度不能过高，否则会使工件的晶粒粗大、氧化、脱碳、变形、开裂等倾向增加。但加热温度过低，也达不到要求。

2. 加热时间

热处理的加热时间（包括升温与保温时间）与钢的成分、原始组织、工件的尺寸与形状、使用的加热设备与装炉方式及热处理方法等许多因素有关。因此，要确切计算加热时间是比较复杂的。在实验室中，一般按照经验公式加以估算。回火的保温时间，要保证工件热透并使组织充分转变。组织转变时间一般不大于0.5 h，但热透时间则随回火温度、工件有效厚度、装炉量及加热方式而异。生产中，一般为1～3 h。由于实验所用试样较小，故回火保温时间可为30 min。

3. 冷却方法

（1）退火冷却方式。钢退火时，一般采用随炉冷却到550～600 ℃以下再出炉空冷。

（2）正火冷却方式。钢正火时，一般采用在空气中冷却。

（3）淬火冷却方式。钢淬火时，钢在过冷奥氏体最不稳定的范围内（550～650 ℃）的冷却速度应大于临界冷却速度，从而保证工件不转变为珠光体型组织；而在马氏体点附近的冷却速度应尽可能低，从而降低淬火内应力，减少工件变形与开裂。因此，淬火时，除了要选用合适的淬火冷却介质外，还应改进淬火方法。对形状简单的工件，常采用简易的单液淬火法，如碳钢用水或盐水液作冷却介质，合金钢常用油作冷却介质。

（4）回火冷却方式：碳钢回火时，一般采用在空气中冷却。

（三）碳钢含碳量对淬火后硬度的影响

在正常淬火条件下，钢的含碳量越高，淬火后的硬度也越高。但碳的质量分数小于0.8%的钢，淬火后，硬度（HRC）一般在40左右；中碳钢淬火后，硬度（HRC）可达50～62；高碳钢淬火后，硬度（HRC）高达62～65。

（四）不同的回火温度对碳钢硬度的影响

淬火钢在回火过程中发生了一系列的组织变化，这必然会使其力学性能发生相应的变化。淬火钢的回火实质上是一个软化过程，性能变化的总趋势是：随着回火温度的升高，硬度、强度降低，而塑性、韧性提高。

三、实验设备和材料

（1）实验用的箱式电阻加热炉（附测温控温装置）。

（2）洛氏硬度计。

（3）冷却剂：水，10号机油（使用温度约20 ℃）。

（4）实验试样：45号钢（3块/组），T10钢（3块/组），20号钢、45号钢、T8钢、T10钢（各1块/组）。

四、实验内容

（1）将学生分为3个小组，按组领取实验试样，并打上钢号，以免混淆。

（2）一组学生将3块45号钢试样加热到820～840 ℃，保温15 min后分别进行空冷、油冷和水冷。其后，分别测定它们的硬度，并做好记录。

（3）一组学生将3块T10钢试样加热到770 ℃，保温15 min后水冷，然后再分别放入200 ℃、400 ℃、600 ℃的电炉中回火30 min。回火后，一般可采用空冷。其后，分别测定回火后试样的硬度，并做好记录。

（4）一组学生将20号钢、45号钢、T8钢、T10钢分别按它们的正常淬火温度加热（900 ℃、840 ℃、770 ℃、770 ℃），保温后取出在水中冷却，然后测定淬火后硬度，并做好记录。

（5）3组学生互相交换数据，各自整理（如果有条件，以上实验每组都可做一遍）。

五、思考题

（1）钢的退火、正火、淬火、回火分别是什么？

（2）钢的化学成分对退火过程有什么影响？探讨不同成分对退火过程和结果的可能影响。

（3）对于同一种钢材，在不同温度下进行退火处理，会出现什么样的结果，为什么？

（4）如何选择适合的淬火介质和工艺参数实现所需的钢材性能？考虑不同钢种和应用要求，如何决定使用水淬、油淬介质还是其他淬火介质？

（5）在进行钢的热处理实验时，如何控制热处理温度和时间，这两个因素对材料的硬度和组织结构有什么影响，如何确定最佳的热处理温度和时间？

（6）热处理中的冷却速率对钢材性能有什么影响？通过实验设计，比较快速冷却和慢速冷却的效果，并解释其影响机理。

（7）如何评估钢材的淬火效果和性能，使用哪些测试方法和仪器评估淬火后的材料硬度、韧性和组织结构？

（8）了解不同类型的钢材正火处理的最佳参数和条件是如何得出的，如何设计一系列实验确定适合特定钢材的正火处理参数？

（9）除了硬度和韧性，还有哪些性能指标可以用来评估热处理后的钢材品质？

六、注意事项

（1）学生在实验中要有所分工，各负其责。

（2）淬火冷却时，试样要用夹钳夹紧，动作要迅速，并要在冷却介质中不断搅动。夹钳不要夹在测定硬度的表面上，以免影响硬度值。

（3）测定硬度前必须用砂纸将试样表面的氧化铁皮除去并磨光。对每个试样，应在不同部位测定3次硬度，并计算其平均值。

（4）热处理时应注意操作安全。

实验十一 钢淬火后对力学性能的影响

一、实验目的

（1）掌握钢的淬火操作方法。

（2）掌握淬火加热温度、冷却介质、碳含量对钢淬火后组织及性能的影响。

二、实验原理

热处理是一种很重要的金属加工工艺方法，也是充分发挥金属材料性能潜力的重要手段。

热处理之所以能使钢的性能发生显著变化，主要是由于钢的内部组织结构可以发生一系列的变化。

钢的热处理基本工艺方法可分为退火、正火、淬火和回火等。

淬火工艺的基本要点：一是如何正确选择加热温度和保温时间；二是如何选择恰当的冷却介质和冷却方法。

所谓淬火就是将钢加热到 A_{c3}（亚共析钢）或 A_{c1}（过共析钢）以上 30～50 ℃，保温后放入各种不同的冷却介质中快速冷却（$v_{冷}$ 应大于 $v_{临}$），以获得马氏体组织。碳钢经淬火的组织由马氏体及残余奥氏体所组成。

为了正确地进行钢的淬火，必须考虑下列三个重要因素：淬火加热温度、保温时间和冷却速率。

（一）淬火温度的选择

正确选定加热温度是保证淬火质量的重要一环。淬火时的具体加热温度主要取决于钢的碳含量，可根据 $Fe\text{-}Fe_3C$ 相图确定，如图3-6所示。

对亚共析钢，其加热温度为 $A_{c3}+30\sim50$ ℃，如淬火温度过低，由于有自由的铁素体未深入奥氏体中，淬火后存在铁素体组织，因此硬度低性能不好。若温度过高，奥氏体的晶粒会急剧长大，将会得到粗大的马氏体组织，使强度、韧性和塑性下降。对过共析钢，加热温度为 $A_{c1}+30\sim50$ ℃，淬火后可得到细小的马氏体与粒状渗碳体，后者的存在可提高钢的硬度和耐磨性。过高的加热温度（如

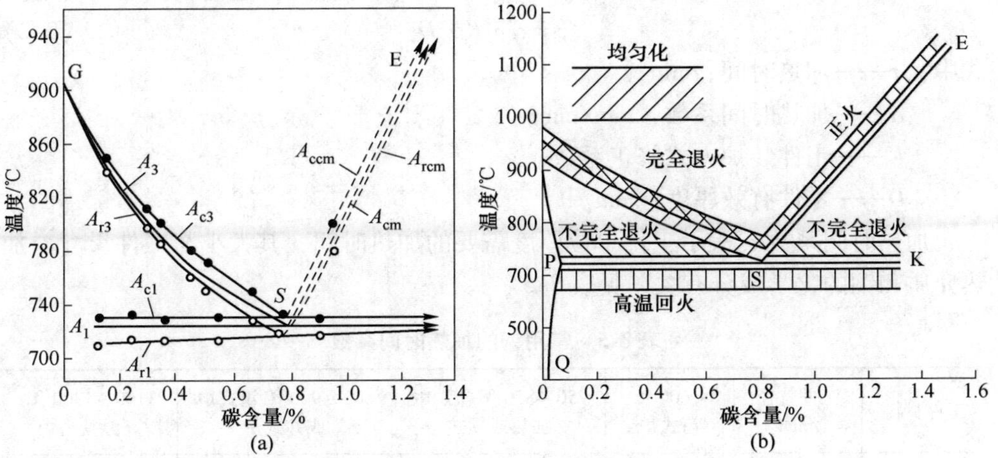

图 3-6　碳钢正常淬火温度范围

超过 A_{cm}）不仅无助于强度、硬度增加，反而会由于产生过多的残余奥氏体而导致硬度和耐磨性的下降。表 3-4 为常用钢的工艺规范。

表 3-4　常用钢的工艺规范

钢号	临界点/℃		退　火		正　火		淬　火	
	A_{c1}	A_{c3}	温度/℃	冷却方式	温度/℃	冷却方式	温度/℃	冷却方式
35 号	724	802	850 ~ 880	炉冷	850 ~ 890	空冷	850 ~ 890	水或盐水
45 号	724	780	820 ~ 840	炉冷	830 ~ 880	空冷	820 ~ 850	水或盐水
T7 ~ T12			750 ~ 770	炉冷		空冷	780 ~ 800	水或油

需要指出，不论在退火、正火与淬火时，均不能任意提高加热温度。温度过高晶粒容易长大，而且会增加氧化脱碳和变形的倾向。

（二）保温时间的确定

淬火加热时间实际上是将试样加热到淬火温度所需的时间及在淬火温度停留所需时间的总和。加热时间与钢的成分、工件的形状尺寸、所用的加热介质、加热方法等因素有关，一般按照经验公式加以估算。

淬火加热时间应包括工件整个截面加热到预定淬火温度，并在该温度下完成组织转变、碳化物溶解和奥氏体成分均匀化所需的时间。因此，淬火加热时间包括升温和保温两段时间。在实际生产中，只有大型工件或装炉量很多情况下，才把升温时间和保温时间分别进行考虑。一般情况下把升温和保温两段时间统称为淬火加热时间。

在具体生产条件下，淬火加热时间常用经验公式计算，通过试验最终确定。

$$\tau=\alpha \cdot K \cdot D \tag{3-2}$$

式中 τ——加热时间，min；

α——加热时间系数，min/mm；

K——工件装炉方式修正系数；

D——零件有效厚度，mm。

加热时间系数 α 表示工件单位厚度需要的加热时间，其大小与工件尺寸、加热介质和钢的化学成分有关，见表 3-5。

表 3-5 常用钢的加热时间系数

工件材料	工件直径/mm	<600 ℃箱式炉	750~850 ℃盐炉中加热或预热	800~900 ℃箱式炉或井式炉	1100~1300 ℃高温盐浴炉
碳钢	≤50	—	0.3~0.4	1.0~1.2	—
	>50	—	0.4~0.5	1.2~1.5	
合金钢	≤50	—	0.45~0.50	1.2~1.5	—
	>50	—	0.50~0.55	1.5~1.8	
高合金钢	—	0.35~0.40	0.30~0.35	—	0.17~0.2
高速钢	—	—	0.30~0.35	0.65~0.85	0.16~0.18

装炉方式修正系数 K 是考虑装炉的多少而确定的。装炉量大时，K 值也应取得较大，一般由实验确定。

工件有效厚度 D 的计算，可如图 3-7 所示进行。

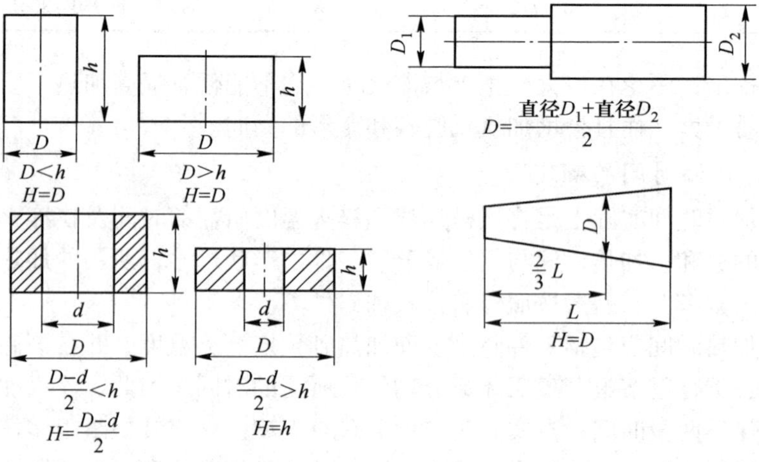

图 3-7 工件有效厚度的计算举例

（三）淬火介质

淬火介质的选择，首先应按工件所采用的材料及其淬透层深度的要求，根据该种材料的端淬曲线，通过一定的图表来进行选择。若仅从淬透层深度角度考虑，凡是淬火烈度大于按淬透层深度所要求的淬火烈度的淬火介质都可采用。但从淬火应力变形开裂的角度考虑，淬火介质的淬火烈度越低越好。综合这两方面的要求，选择淬火介质的首要原则是在满足工件淬透层深度要求的前提下，选择淬火烈度最低的淬火介质。

结合过冷奥氏体连续冷却转变曲线及淬火本质选择淬火介质时，还应考虑其冷却特性：在相当于被淬火钢的过冷奥氏体最不稳定区有足够的冷却能力，而在马氏体转变区其冷却速度却又很缓慢。表 3-6 为几种常用淬火剂的冷却能力。

表 3-6　几种常用淬火剂的冷却能力

冷却介质	冷却速度/℃ · s^{-1}		冷却介质	冷却速度/℃ · s^{-1}	
	550～650 ℃	200～300 ℃		550～650 ℃	200～300 ℃
水（18 ℃）	600	270	10% NaCl 水溶液	1100	300
水（26 ℃）	500	270	10% NaOH 水溶液	1200	300
水（50 ℃）	100	270	10% Na_2CO_3 水溶液	800	270
水（74 ℃）	30	200	10% Na_2SO_4 水溶液	750	300
肥皂水	30	200	矿物油	150	30
10%油水乳化液	70	200	变压器油	120	25

一般来说，工件淬入淬火介质时应采用下述操作方法：（1）厚薄不均的工件，厚的部分先淬入；（2）细长工件一般应垂直淬入；（3）薄而平的工件应侧放立着淬入；（4）薄壁环状零件应沿其轴线方向淬入；（5）具有闭腔或盲孔的工件应使腔口或孔向上淬入；（6）截面不对称的工件应以一定角度斜着淬入，以使其冷却比较均匀。

实际上很难找到同时满足上述这些要求的淬火介质，在实践中常把淬火介质的选择与冷却方式的确定结合起来考虑。常用钢的淬火加热温度范围及冷却介质见表 3-7。

（四）冷却速度的影响

冷却是淬火的关键工序，它直接影响到钢淬火后的组织和性能。冷却时应使冷却速度大于临界冷却速度，以保证获得马氏体组织；在这个前提下又应缓慢冷

表 3-7 常用钢的淬火加热温度范围及冷却介质

钢号	加热温度/℃	冷却介质	钢号	加热温度/℃	冷却介质
45 号	820 ~ 840	盐水	T7 ~ T12	780 ~ 800	盐水、碱浴、硝盐
	840 ~ 860	碱浴	T7A ~ T12A	810 ~ 830	
40Cr	850 ~ 870	油	9Mn2V	780 ~ 800	油、碱浴、硝盐
				900 ~ 810	
60Mn	800 ~ 820	油	9CrWMn	810 ~ 830	油、碱浴、硝盐
			CrWMn	820 ~ 840	
40SiCr	900 ~ 920	油或水	GCr15	830 ~ 850	油、碱浴、硝盐
				840 ~ 860	
35CrMo	850 ~ 870	油或水	9SiCr	850 ~ 870	油、碱浴、硝盐
			60Si2A	860 ~ 880	
60Si2	850 ~ 870	水或油	5CrMnMo	830 ~ 850	油
	880 ~ 900	油			
50CrMnVA	850 ~ 880	油	5CrNiMo	840 ~ 860	油
55Si2	840 ~ 860	油	3Cr2W8A	1050 ~ 1100	油
				1100 ~ 1150	油
18CrNiMoA	860 ~ 890	油	Cr12	960 ~ 980	油或硝盐分级
				1050 ~ 1100	油或硝盐分级
18CrNiW	800 ~ 830	盐浴	Cr12MoV	1020 ~ 1050	油或硝盐分级
				1100 ~ 1150	油或硝盐分级
20CrMnTi	830 ~ 850	油	W6Mo5Cr4V2	1000 ~ 1100	盐浴分级
				1180 ~ 1220	盐浴分级
13Ni2A	760 ~ 800	油	W18Cr4V	1000 ~ 1100	盐浴分级
				1260 ~ 1280	盐浴分级
40CrNiMoA	820 ~ 840	油	Cr9Si2	1040 ~ 1060	油

却，以减小内应力，防止变形和开裂。为此，可根据 C 曲线图（见图 3-8），使淬火工件在过冷奥氏体最不稳定的范围（550 ~ 650 ℃）进行冷却（即与 C 曲线的“鼻尖”相切），而在较低温度（100 ~ 300 ℃）时的冷却速度则尽可能小些。

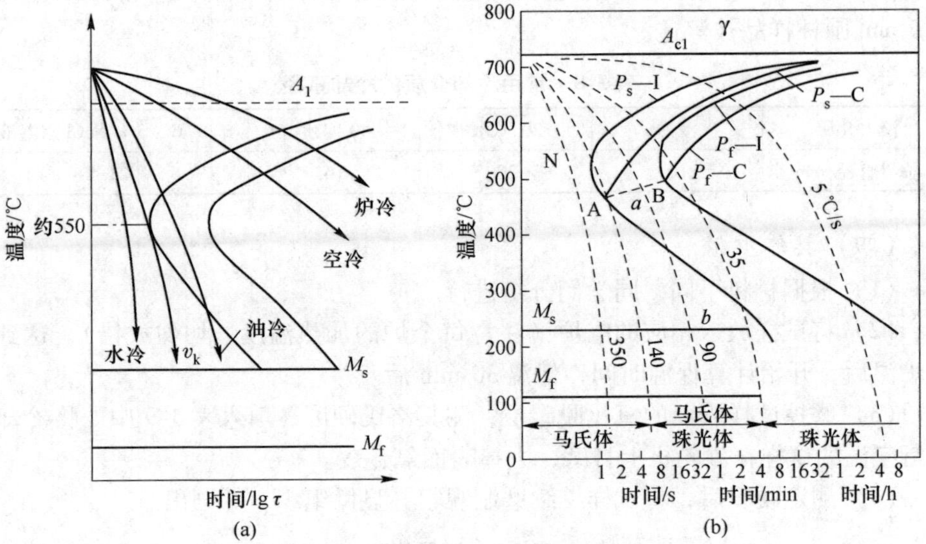

图 3-8　在共析钢 C 曲线上估计连续冷却速度的影响

为了保证淬火效果，应选用适当的冷却介质（如水、油等）。

三、实验设备与材料

电阻炉、硬度计、预磨机、抛光机、金相显微镜等仪器、淬火介质、热处理试样、金相砂纸、抛光剂、研磨膏、腐蚀剂等。

四、实验内容与步骤

将 45 号钢、T8 钢、T10 钢分别放在不同温度的电阻炉中加热，保温 15 min，取出后放在不同的介质中冷却，然后测其硬度并观察其显微组织，将结果填于表 3-9 中。

（一）加热温度

根据本实验热处理的目的，实验选择淬火加热温度为 850 ℃。

（二）保温时间

45 号钢试样直径为 ϕ15 mm 的小圆柱体，高度与直径相差不大。所以不单独考虑升温时间，α 取 2 min/mm，K 取 1。根据实验原理中的公式 $\tau=\alpha KD$，计算得到加热时间为 30 min。

（三）冷却介质

45 号钢的连续冷却转变曲线可知，碳钢的临界冷却速度很大，应选用具有较强冷却能力的水作为冷却介质，才能避免冷却曲线与 C 曲线相交，得到马氏体组织。已查得45号钢淬火临界直径见表3-8，选择水作为淬火冷却介质能保证ϕ15 mm圆柱样品被淬透。

表3-8 常用冷却介质的冷却直径

淬火介质	浸油	20 ℃水	40 ℃水	20 ℃、5% NaCl水溶液
临界直径/mm	10	20	16	21.5

（四）具体步骤

（1）根据材料不同，同学们分组进行。

（2）将试样放入相应的电炉（注意每个炉的加热温度，切勿放错）。达到要求炉温后，开始计算保温时间，保温30 min后。

（3）磨掉试样表面的氧化脱碳层，测其洛氏硬度，填入表3-9中。将冷却至接近室温的试样在砂轮机上打磨，去掉表面氧化皮。

（4）测定硬度后，将试样继续磨制观察其显微组织，并画出。

表3-9 测量结果

序号	钢号	加热温度/℃	冷却介质	淬火硬度（HRC）	显微组织
1	45号	850	空气		
			水		
			油		
2	T8	810	空气		
			水		
			油		
3	T10	790	空气		
			水		
			油		

（五）注意事项

（1）本实验加热都为电炉，由于炉内电阻丝距离炉膛较近，容易漏电，所以电炉一定要接地，在放、取试样时必须先切断电源。

（2）往炉中放、取试样必须使用夹钳，夹钳必须擦干，不得沾有油和水。开关炉门要迅速，炉门打开时间不宜过长。

（3）试样由炉中取出淬火时，动作要迅速，以免温度下降，影响淬火质量。

（4）试样在淬火液中应不断搅动，否则试样表面会由于冷却不均而出现软点。

（5）淬火时水温应保持20～30 ℃，水温过高要及时换水。

（6）退火、正火、淬火或回火后的试样均要用砂纸打磨，去掉氧化皮后再测定硬度值。

五、实验报告

（1）小组分析正火工艺参数对碳钢正火后组织和性能（硬度）的影响，并阐明硬度变化的原因。

（2）指出实验过程中出现的各种问题，并提出改良方法。

六、思考题

（1）说明淬火温度、淬火介质对钢组织和性能的影响。

（2）说明亚共析钢的淬火加热温度范围，并说明为什么？

实验十二　钢回火后对力学性能的影响

一、实验目的

（1）掌握钢的回火操作方法。

（2）掌握回火硬度与回火温度及碳含量的关系。

二、实验原理

（一）回火

钢经淬火得到的马氏体组织质硬而脆，并且工件内部存在很大的内应力。如果直接进行磨削加工往往会出现龟裂，一些精密的零件在使用过程中将会引起尺寸变化而失去精度，甚至开裂。因此，淬火钢必须进行回火处理。回火就是将已淬火的钢料加热到 A_1 温度以下某个温度，保温后取出缓冷或急冷的工艺过程。回火后钢料或多或少地接近稳定的组织状态。不同的回火工艺可以使钢获得所需的各种不同的性能。

将淬火工件进行回火的目的主要有：

（1）淬火得到的是性能很脆的马氏体组织，并存在有内应力，回火可消除或减少残余内应力，提高材料的韧性和塑性。

（2）获得硬度、强度、塑性和韧性的适当配合，得到良好的综合力学性能，以满足工件的性能要求，如刃具、量具、模具等经回火后可提高其硬度和耐磨性，各种机械零件经回火后可提高其强韧性。

（3）淬火马氏体和残余奥氏体都是不稳定的组织，在工作中会发生分解，导致零件尺寸的变化，这对精密零件是不允许的，通过回火来稳定工件尺寸，使钢的组织在工件使用过程中不发生变化。

（4）回火与淬火相配合可获得某些特殊使用性能，如高碳钢和磁钢制的永久磁铁经回火后可提高硬磁性，弹簧经回火后可提高弹性，不锈钢和耐热钢经回火后可提高耐蚀性和耐热性等。

（二）回火温度及时间

对碳钢来说，回火工艺的选择主要是考虑回火温度和保温时间这两个因素。

回火温度：在实际生产中通常以图纸上所要求的硬度要求作为选择回火温度的依据。也可以采用经验公式近似地估算回火温度。例如，45 号钢的回火温度经验公式为：

$$T(℃)\approx 200+k(60-X) \tag{3-3}$$

式中　k——系数，当回火后要求的硬度值 HRC > 30 时 $k=11$，HRC < 30 时 $k=12$；

X——所要求的硬度值（HRC）。

保温时间：回火保温时间与工件材料及尺寸、工艺条件等因素有关，通常采用 1 ~ 3 h。由于实验所用试样较小，故回火保温时间可为 10 min，回火后一般在空气中冷却。

（三）回火转变

淬火钢具有两种不稳定的组织，残留奥氏体处于过冷状态，淬火马氏体则呈碳的过饱和状态，回火过程中，两者皆发生转变，按其转变性质不同，可将它分为以下四类：

（1）回火的第一类转变：此种转变在室温下也可发生，但速度很慢，当加热到 120 ~ 170 ℃时转变进行得极为显著，转变的结果是一相的正方马氏体分解为碳化物及具有一定过饱和度的 α-固溶体的两相组织回火马氏体。

淬火钢发生第一类回火转变后，虽然固溶体的过饱和度减小，但由于碳化物相弥散硬化作用，因此不降低钢的硬度，但因为内应力和脆性的减少，而使钢的强度、韧性有所提高。

（2）回火的第二类转变：在 200 ~ 300 ℃的温度范围内残留奥氏体发生分解，转变为碳化物和具有一定过饱和度的 α-固溶体的机械混合物，残留奥氏体的分解产物与同一温度马氏体分解产物状态相同，因此也称为回火马氏体。

淬火钢经在第二类回火转变的温度范围回火后，虽然由于残留奥氏体的分解有增高硬度的趋向，但由于一般残留奥氏体数量不多，碳 α-固溶体的过饱和度却有较大的降低，故硬度较淬火钢为低，强度塑性则有提高。

（3）回火的第三类转变：在 300 ~ 400 ℃的温度范围内回火马氏体进一步分解成铁素体和渗碳体，即在铁素体基体上分布着极细小点状渗碳体称为屈氏体。

（4）回火的第四类转变：在 400 ~ 720 ℃的温度范围内渗碳体由小变大，由分散到集中，发生集聚长大。温度超高渗碳体的粒度越大分散度越低。在 650 ℃左右的组织称为回火索氏体，在 700 ℃左右的组织称回火珠光体或球化体。

（四）回火分类

工件回火后的硬度主要取决于回火温度，而回火温度的确定主要取决于工件使用性能、技术要求、钢种及淬火状态。

1. 低温回火

指温度低于250 ℃的回火，低温回火一般用于以下几种情况：

（1）工具、量具的回火。一般工具、量具要求硬度高、耐磨、足够的强度和韧性。此外，如滚动轴承，还要求有高的接触疲劳强度，从而有高的使用寿命。对这些工具、量具和机器零件一般用碳素工具钢或低合金工具钢制造，淬火后具有较高的强度和硬度。其淬火组织主要为韧性极差的孪晶马氏体。有较大的淬火内应力和较多的微裂纹，故应及时回火。这类钢一般采用180～200 ℃的温度回火。在200 ℃回火能使孪晶马氏体中过饱和碳原子沉淀析出弥散分布的ε-碳化物，既可提高钢的韧性，又保持钢的硬度、强度和耐磨性；在200 ℃回火大部分微裂纹已经焊合，可减轻工件脆裂倾向。低温回火以后得到回火马氏体及在其上分布的均匀细小的碳化物颗粒，硬度（HRC）为61～65。对高碳轴承钢，例如，GCr15、GSiMnV等钢通常采用（160±5）℃的低温回火，可保证一定硬度条件下有较好的综合力学性能及尺寸稳定性。对有些精密轴承，为了进一步减少残余奥氏体量以保持工作条件下尺寸和性能稳定性，采用较高温度（200～250 ℃）和较长回火时间（约8 h）的低温回火来代替冷处理取得了良好的效果。

（2）精密量具和高精度配合的结构零件在淬火后进行120～150 ℃（12 h，甚至几十小时）回火。目的是稳定组织及最大限度地减少内应力，从而使尺寸稳定。为了消除加工应力，多次研磨，还要多次回火。这种低温回火，常被称作时效。

（3）低碳马氏体的低温回火。低碳位错型马氏体具有较高的强度和韧性，经低温回火后，可以减少内应力，进一步提高强度和塑性。因此，低碳钢淬火以获得板条马氏体为目的，淬火后均经低温回火。

（4）渗碳钢淬火回火。渗碳件要求表面具有高碳钢性能和心部具有低碳马氏体的性能。这两种情况都要求低温回火，一般回火温度不超过200 ℃。这样，其表面具有高的硬度和耐磨性，而心部具有高的强度、良好的塑性和韧性。

2. 中温回火（350～500 ℃）

主要用于处理弹簧钢。回火后得到回火屈氏体组织。中温回火相当于一般碳钢及低合金钢回火的第三阶段温度区。此时，碳化物已经开始集聚，基体也开始恢复，第二类内应力趋于基本消失，因而有较高的弹性极限，又有较高的塑性和韧性。

应根据钢种选择回火温度，以获得最高弹性极限及疲劳极限良好的配合。例如65碳钢，在380 ℃回火，可得最高弹性极限；而55SiMn在480 ℃回火，可获得疲劳极限、弹性极限及强度与韧性的良好配合。

为了避免第一类回火脆性，不应采用在300 ℃左右的温度回火。

3. 高温回火（>500 ℃）

在这一温度区间回火的工件，常见的有调质处理、二次硬化型钢的回火、高合金渗碳钢的回火。

（1）调质处理。即淬火加高温回火工艺，以获得回火索氏体组织。主要用于中碳碳素结构钢或低合金结构钢以获得良好的综合力学性能。一般调质处理的回火温度选在 600 ℃以上。

与正火处理相比，钢经调质处理后，在硬度相同条件下，钢的屈服强度、韧性和塑性明显地提高。

一般中碳钢及中碳低合金钢的淬透性有限，在调质处理淬火时常不能完全淬透。因此，在高温回火时，实际上为混合组织的回火。前已述及，非马氏体组织在回火加热时仍发生变化，但其速度比马氏体慢。对片状珠光体来说，其中的渗碳体片将球化。在单位体积内渗碳体相界面积相同的情况下，球状珠光体的综合力学性能要优于片状珠光体，因此对未淬透部分来说，经高温回火后其综合力学性能也应高于正火的。

调质处理一般用于发动机曲轴、连杆、连杆螺栓、汽车拖拉机半轴、机床主轴及齿轮等要求具有综合力学性能的零件。

（2）二次硬化型钢的回火。当钢中含有较多的碳化物形成元素时，在回火第四阶段温度区（500～550 ℃）形成合金渗碳体或者特殊碳化物，使硬度提高，称为二次硬化。对具有二次硬化作用的高合金钢，如高速钢等，在淬火以后，需要利用高温回火来获得二次硬化的效果。二次硬化必须在一定温度和时间条件下发生，因此有一最佳回火温度范围，需根据具体钢种确定。

（3）高合金渗碳钢的回火。高合金渗碳钢渗碳以后，由于其奥氏体稳定性极高，即使在缓冷条件下，也会转变成马氏体，并存在着大量残余奥氏体。因此，渗碳后高温回火的目的是使马氏体和残余奥氏体分解，使渗碳层中的一部分碳和合金元素以碳化物形式析出，并集聚球化，得到回火索氏体组织，使钢的硬度降低，便于切削加工，同时还可减少后续淬火时渗层中的残余奥氏体量。

高合金钢渗碳层中残余奥氏体的分解可按两种方式进行：一种是按奥氏体分解成珠光体，此时回火温度应选择在珠光体转变“C”曲线的鼻部，以缩短回火时间，例如，20Cr2Ni4 钢渗碳后在 600～680 ℃温度进行回火；另一种是残余奥氏体转变成马氏体，例如，渗碳钢 18Cr2Ni4WA 就是如此。因为 18Cr2Ni4WA 钢没有珠光体转变，故其残余奥氏体不能以珠光体转变的方式分解，应该选用有利于促进马氏体转变的温度回火。

（五）回火特性

淬火钢回火后的力学性能，常以硬度来衡量。因为对同种钢来说，在淬火后组织状态相同情况下，如果回火后的硬度相同，则其他力学性能指标（σ_b、σ_s、

ψ、α_k）基本上也相同，而在生产上测量硬度又很方便。这里我们也以硬度来衡量碳钢的回火特性。

图 3-9 为含 0.98% C 钢在不同回火温度和回火时间处理后硬度的变化。由图可见，在回火初期，硬度下降很快，但回火时间增加至 1 h 后，硬度只是按比例地继续有微小的下降而已，由此得出结论，淬火钢回火后的硬度主要取决于回火温度。

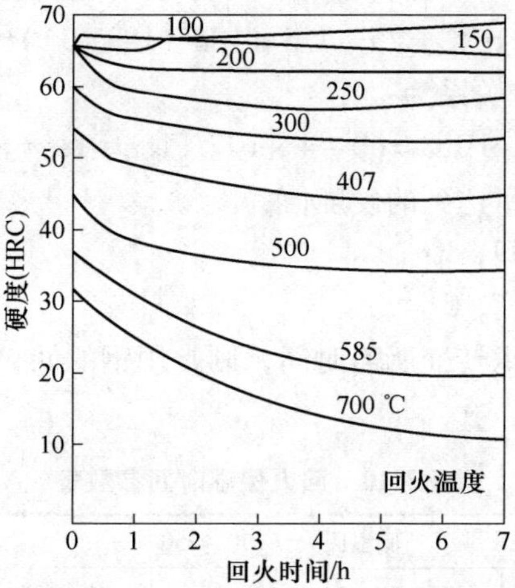

图 3-9　回火温度和时间对淬火钢回火后硬度的影响

根据图 3-9 的规律，可以把温度和时间的综合影响归纳为参数 M 表示。

$$M = T(C + \lg\tau) \tag{3-4}$$

式中　T——回火温度，K；

τ——回火时间，s 或 h；

C——与碳含量有关的常数。

M 可用来表示回火程度，不同的钢都可以做出淬火、回火后硬度与 M 的关系曲线，根据此曲线，可按要求获得的硬度来确定参数 M，从而确定回火规程。

（六）回火保温时间和温度的确定

1. 回火保温时间的确定

回火时间一般从工件入炉后炉温升至回火温度时开始计算，回火时间一般为 1 ~3 h，可参考经验公式确定：

$$t = \alpha D + b \tag{3-5}$$

式中　t——回火保温时间，min；

D——工件有效厚度，mm；

b——附加时间，一般为 10 ~20 min；

α——加热系数，箱式电炉取 2~2.5 min/mm。

回火时间应包括按工件截面均匀地达到回火温度所需加热时间以及按 M 参数达到要求回火硬度完成组织转变所需的时间，如果考虑内应力的消除，则尚应考虑不同回火温度下应力弛豫所需要的时间。

加热至回火温度所需的时间，可按前述加热计算的方法进行计算。

为达到所要求的硬度需要计算回火时间，从 M 参数出发，不同钢种有不同的计算公式。例如，对 50 号钢，回火后硬度与回火温度及时间的关系为：

$$HRC = 75 - 7.5 \times 10^{-3}(\lg\tau + 11)t \tag{3-6}$$

对 40CrNiMo 钢，该关系为：

$$HRC = 60 - 4 \times 10^{-3}(\lg\tau + 11)t \tag{3-7}$$

式中 HRC——回火后所达到的硬度值；

τ——回火时间，h；

t——回火温度，℃。

若仅考虑加热及组织转变所需时间，则常用钢的回火保温时间可参考表 3-10 确定。

表 3-10 回火保温时间参数表

低温回火（150~250 ℃）							
有效厚度/mm		<25	25~50	50~75	75~100	100~125	125~150
保温时间/min		30~60	60~120	120~180	180~240	240~270	270~300
中、高温回火（250~650 ℃）							
有效厚度/mm		<25	25~50	50~75	75~100	100~125	125~150
保温时间/min	盐浴炉	20~30	30~45	45~60	75~90	90~120	120~150
	空气炉	40~60	70~90	100~120	150~180	180~210	210~240

对以应力弛豫为主的低温回火时间应比表 3-10 所列数据要长，长的可达几十小时。

对二次硬化型高合金钢，其回火时间应根据碳化物转变过程通过实验确定。当含有较多残余奥氏体，而依靠二次淬火消除时，还应确定回火次数。例如 W18Cr4V 高速钢，为了使残余奥氏体充分转变成马氏体及消除残余应力，除了按二次硬化最佳温度回火外，还需进行三次回火。

高合金渗碳钢渗碳后，消除残余奥氏体的高温回火保温时间应该根据过冷奥氏体等温转变动力学曲线确定。例如，20CrNi4 钢渗碳后，高温回火时间约为 8 h。

回火后工件一般在空气中冷却。对于一些工模具，回火后不允许水冷，以防止开裂。对于具有第二类回火脆性的钢件，回火后应进行油冷，以抑制回火脆性。对于性能要求较高的工件，在防止开裂的条件下，可进行油冷或水冷，然后进行一次低温补充回火，以消除快冷产生的内应力。

当碳钢回火温度高于300 ℃时，硬度逐渐降低，强度也逐渐减小，塑性和韧性则有所提高。

2. 回火温度的确定

回火温度主要是根据工件的技术要求，如切削刀具和量具（碳含量>0.6%的钢），要求热处理后的硬度、耐磨性好，组织尺寸稳定。因此必须选低温回火，回火温度一般在120～200 ℃，回火后得到回火马氏体组织。

弹簧和冲头要求热处理后应具有较高的弹性，因此必须采用中温（300～400 ℃）回火，回火后得到回火屈氏体组织。

结构钢（碳含量<0.6%）主要是作结构零件，要求热处理后综合力学性能较高，因此必须采用高温回火（450～600 ℃），这种淬火后进行高温回火的方法，称为调质处理，调质后得到回火索氏体。

表3-11和表3-12为几种钢的淬火、淬火+回火工艺参数。

表3-11　淬火工艺参数

试样材料	加热规范		冷却方式	冷却后硬度（HRC）	估计冷却后组织
	温度/℃	保温时间/min			
20号钢	950	10	水冷	32	残余奥氏体和淬火马氏体
45号钢	750	16	水冷	40.5	淬火马氏体和渗碳体
	860	16	水冷	47	淬火马氏体和残余奥氏体
	860	16	油冷	23.7	淬火屈氏体和铁素体
	860	16	空冷	13.5	淬火索氏体和铁素体
T10钢	780	7	水冷	64.5	淬火马氏体
	780	7	油冷	36.7	淬火屈氏体
	780	7	空冷	23.5	淬火索氏体

表3-12　回火工艺参数

试样材料	淬火后原始硬度（HRC）	加热规范		回火后硬度（HRC）	估计回火后组织
		回火温度/℃	保温时间/min		
45号钢	56	200	20	50.5	回火马氏体
	59	400	20	44	回火屈氏体
	58.5	600	20	21.5	回火索氏体
T10钢	64.5	200	20	61.9	回火马氏体
	62.5	400	20	45.4	回火屈氏体
	65.9	600	20	24.1	回火索氏体

三、实验设备与材料

电阻炉、硬度计、预磨机、抛光机、金相显微镜等仪器，淬火介质、热处理试样、金相砂纸、抛光剂、研磨膏、腐蚀剂等。

四、实验内容与步骤

将45号钢、T8钢、T10钢进行水淬和油淬，并进行三种温度的回火。

在进行热处理后，记录硬度并进行显微组织观察，结果填入表3-13中。

表3-13 硬度结果

钢号	加热温度/℃	冷却介质	淬火硬度（HRC）			显微组织
			回火温度200 ℃	回火温度350 ℃	回火温度550 ℃	
45号	850	水				
		油				
T8	810	水				
		油				
T10	790	水				
		油				

（一）加热温度

通过查阅资料发现，钢淬火后在300 ℃左右回火时，易产生不可逆回火脆性。为避免该缺陷，一般不在250～350 ℃范围内回火。为了对比，实验选用200 ℃、350 ℃、550 ℃三种实验回火温度。

（二）保温时间

由公式$t=\alpha D+b$确定，查得300 ℃以下，箱式电阻炉$b=15$ min、$\alpha=1$ min/mm，试样$D=15$ mm，将数据代入得到回火保温时间t为30 min。

（三）冷却介质

空气，进行空冷。

（四）具体步骤

（1）根据材料不同，同学们分组进行。

（2）将试样放入相应的电炉（注意每个炉的加热温度，切勿放错）。

（3）磨掉试样表面的氧化脱碳层，测其洛氏硬度。将冷却至接近室温的试样在砂轮机上打磨，去掉表面氧化铁皮。用60号砂纸将试样表面磨平，再依次使用150号、240号、400号、600号、800号砂纸打磨。

（4）测定硬度后，将试样再放入相应的回火炉进行回火。回火到温后，在水中或空气中冷却，稍磨表面，再测其洛氏硬度值。

（5）继续磨制试样观察其显微组织。

五、思考题

（1）以45号钢和T7钢为例，分析碳含量对钢的淬硬性的影响。

（2）给出同一淬火介质下，回火硬度与回火温度的关系曲线，并说明规律。

实验十三　钢的渗碳热处理实验

一、实验目的

（1）熟悉钢的气体渗碳原理及渗碳工艺。

（2）了解设备及操作方法。

（3）了解低碳钢渗碳过程中的组织和性能的变化。

（4）了解渗碳层深度的测定方法。

二、实验原理

（一）化学热处理的定义

化学热处理是将钢件置于一定温度的活性介质中保温，使一种或几种元素渗入钢件表面，改变其化学成分及组织成分，以达到改进表面性能，满足技术要求的热处理过程。按照表面渗入的元素不同，化学热处理可分为渗碳、氮化、碳氮共渗、渗硼、渗铝等。化学热处理能有效地提高钢件表层的耐磨性、耐蚀性、抗氧化性能及疲劳强度。

钢件的表面化学成分的改变，取决于处理过程中发生的以下四个过程：

（1）介质中的化学反应，在一定温度下介质中各组分发生化学反应或蒸发，形成渗入元素的活性组分（金属原子直接从熔融态渗入者除外）；

（2）渗剂扩散，活性组分在工件表层向内扩散，反应产物离开界面向内逸散；

（3）相界面反应，活性组分与工件表面碰撞，产生物理吸附或化学吸附，溶入或形成化合物，其他产物解吸离开表面；

（4）被吸附并溶入的渗入元素向工作内部扩散，当渗入元素的浓度超过基体金属的固溶度时，发生反应扩散，产生新相。

（二）渗碳

1. 渗碳定义

渗碳是指使碳原子渗入钢表层的过程。渗碳也是使低碳钢的工件具有高碳钢的表面层，再经过淬火和低温回火，使工件的表层具有高硬度和耐磨性，而工件的中心部分仍然保持着低碳钢的韧性和塑性。渗碳工件的材料一般为低碳钢或低碳合金钢（碳含量小于0.25%）。渗碳后，钢件表面的化学成分可接近高碳钢。工件渗碳后还要经过淬火，以得到高的表面硬度、高的耐磨性和疲劳强度，并保持心部有低碳钢淬火后的强韧性，使工件能承受冲击载荷。渗碳工艺广泛用于飞机、汽车和拖拉机等的机械零件，如齿轮、轴、凸轮轴等。

2. 渗碳目的

为了增加钢件表面的碳含量和获得一定的碳浓度梯度，将钢件在渗碳介质中加热和保温，使碳原子渗入表层的工艺称为渗碳。

渗碳的目的是使机器零件获得高的表面硬度、耐磨性极高的接触疲劳强度和弯曲疲劳强度。

3. 渗碳方法

渗碳方法包括固体渗碳、液体渗碳、气体渗碳、离子渗碳和真空渗碳等，常用的为气体渗碳方法。

在各种渗碳方法中，无论采用何种渗碳剂，最主要的渗碳组分都是 CO 或 CH_4，通过反应产生活性碳原子，例如：

$$2CO \xrightleftharpoons{Fe} [C] + CO_2 \qquad CO \xrightleftharpoons{Fe} [C] + \frac{1}{2}O_2$$

$$H_2 + CO \xrightleftharpoons{Fe} [C] + H_2O$$

（1）固体渗碳。固体渗碳是把渗碳工件装入有固体渗剂的密封箱内（一般采用黄泥或耐火黏土密封），在渗碳温度加热渗碳。固体渗碳剂主要由供碳剂、催化剂组成。供碳剂一般为木炭、焦炭，催化剂一般为碳酸盐，如 $BaCO_3$、Na_2CO_3 等。固体渗碳剂加黏结剂可制成粒状渗碳剂，使渗碳时的透气性好，有利于渗碳反应。

典型的固体渗碳工艺如图 3-10 所示。

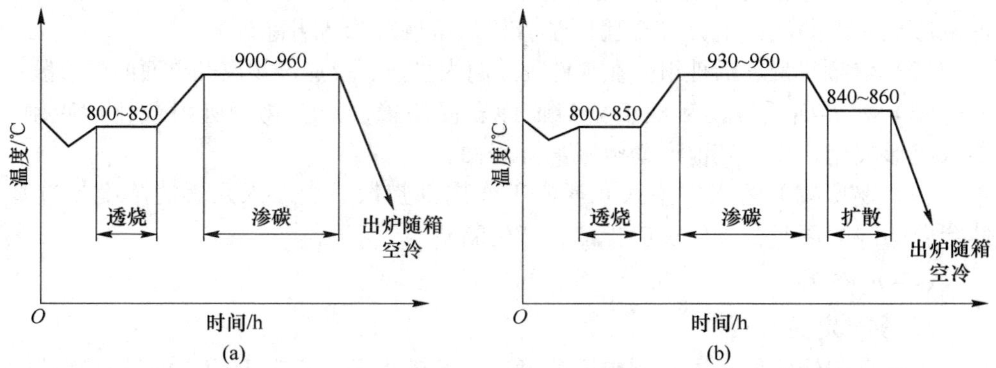

图 3-10 典型的固体渗碳工艺

（a）普通渗碳工艺；（b）分级渗碳工艺

常用固体渗碳温度为 900 ~ 960 ℃，此时钢件处于奥氏体区域，碳浓度可以在很大范围内变动，有利于碳的扩散。如果温度过高，奥氏体晶粒要发生长大，因而将降低渗碳件的力学性能。同时，温度过高，将降低加热炉及渗碳箱的寿命，也将增加工件的挠曲变形。

渗碳时间应根据渗碳层要求、渗剂成分、工件及装箱等具体情况来确定。在生产中常用试棒检测其渗碳效果，一般规定渗碳试棒直径应大于 10 mm，长度应大于直径。渗碳剂的选择应根据具体情况而定，要求表面碳含量高、渗层深，则应选用活性高的渗剂；含碳化形成元素的钢，则应选择活性低的渗剂。

透烧时间是因为填入渗碳剂的渗碳箱的传热速度慢，透烧可使渗碳箱内温度均匀，减少零件渗层深度的差别。透烧时间与渗碳箱的大小有关。另外，还有扩散过程，其目的是适当降低表面碳含量，使渗层适当加厚。

固体渗碳不需专门的设备，容易实现，还可以防止某些合金钢在渗碳过程中被氧化。但渗碳时间长，渗层不易控制，不能直接淬火，劳动条件较差，目前应用较少。但是，即使是工业技术先进的国家，仍不乏使用固体渗碳工艺。这是因为固体渗碳仍有其独特的优点。例如，像柴油机上一些细小的油嘴、油泵芯子等零件，以及其他一些细小或具有小孔的零件，如果用别的渗碳方法很难获得均匀渗层，也很难避免变形，用固体渗碳法就能达到这一要求。固体渗碳装箱示意图如图 3-11 所示。

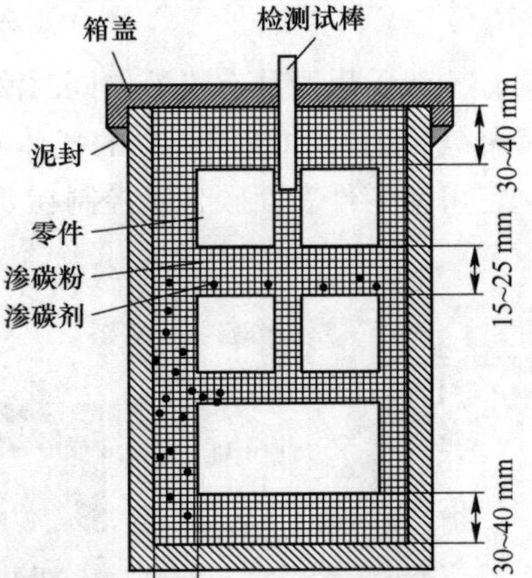

图 3-11　固体渗碳装箱示意图

（2）液体渗碳。液体渗碳是在能析出活性碳原子的盐浴中进行的渗碳方法。其优点是：设备简单、渗碳速度快，渗碳层均匀，便于渗碳后直接淬火，特别适用于中小型零件及有不通孔的零件。其缺点是：多数盐浴含有剧毒的氰化物，对环境和操作者存在危害。

渗碳盐浴由基盐、催化剂、供碳剂三部分组成。基盐通常用 NaCl、$BaCl_2$、KCl 或复盐配制。催化剂一般采用碳酸盐，如 Na_2CO_3 或 $BaCO_3$。供碳剂常用 NaCN、木炭粉、SiC。液体渗碳的温度为 920～940 ℃，其考虑原则和固体渗碳相同。

（3）气体渗碳。气体渗碳是工件在气体介质中进行碳的渗入过程的方法。渗碳气体可以用碳氢化合物有机液体，如煤油、丙酮等直接滴入炉内汽化而得。气体在渗碳温度热分解，析出活性碳原子，渗入工件表面；也可以用事先制备好的一定成分的气体通入炉内，在渗碳温度下分解出活性碳原子渗入工件表面来进行渗碳。

用有机液体直接滴入渗碳炉内的气体渗碳法称为滴注式渗碳。事先制备好渗碳气氛然后通入渗碳炉内进行渗碳的方法，根据渗碳气的制备方法分为：吸热式气氛渗碳、氮基气氛渗碳等。

1）滴注式气体渗碳。当用煤油、焦苯作为渗碳剂直接滴入渗碳炉内进行渗碳时，由于在渗碳温度热分解时析出活性碳原子过多，不能全部被钢件表面吸收，而在工件表面沉积成碳黑、焦油等，阻碍渗碳过程的继续进行，造成渗碳层深度及碳浓度不均匀等缺陷。为了克服这些缺点，近年来发展了灌注式可控气氛渗碳。这种方法无须特殊设备，只要对现有井式渗碳炉稍加改装，配上一套测量控制仪表即可。

滴注式可控气氛渗碳，一般采用两种有机液体同时滴入炉内。一种液体产生的气体碳势较低，作为稀释气；另一种液体产生的气体碳势较高，作为富化气。改变两种液体的滴入比例，可使零件表面碳含量控制在要求的范围内，如图 3-12 和图 3-13 所示。

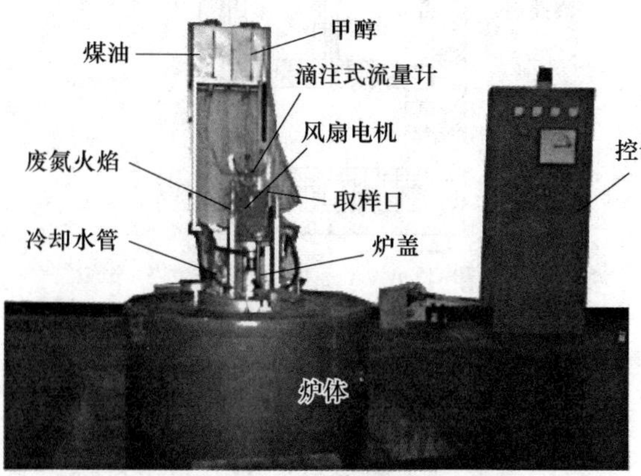

图 3-12　气体渗碳炉

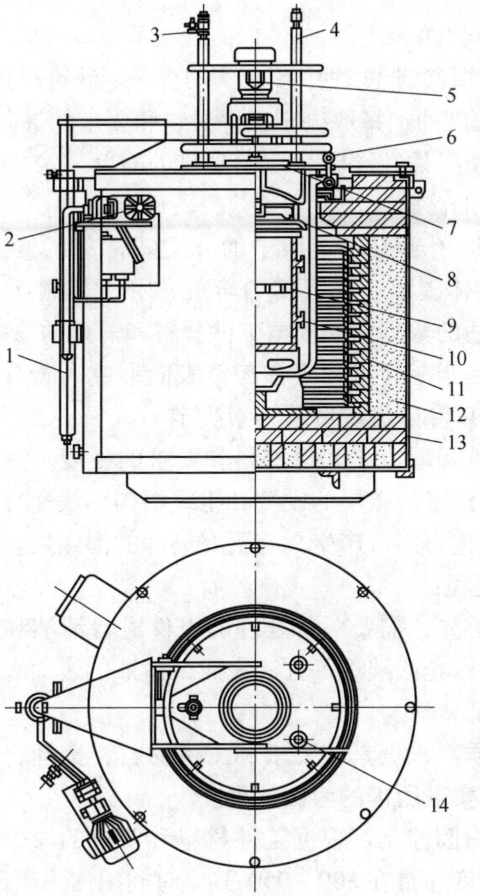

图 3-13　滴注式气体渗碳

1—油缸；2—电动机油泵；3—滴管；4—取气管；5—电动机；6—吊环螺钉；7—炉盖；
8—风叶；9—料筐；10—炉罐；11—电热元件；12—炉衬；13—炉壳；14—试样管

2）吸热式气体渗碳。用吸热式气氛进行渗碳时，往往用吸热式气氛加富化气的混合气进行渗碳，其碳势控制依靠调节富化气的添加量来实现。一般常用丙烷作富化气。当用 CO_2 红外线分析仪控制炉内碳势时，其动作原理基本上与滴注式相同。但是，在此处只开启富化气的阀门，调整富化气的流量来调节炉气碳势。

由于吸热式气氛需要有特设的气体发生设备，其启动需要一定的过程，所以一般适用于大批生产的连续作业炉。连续式渗碳在贯通式炉内进行。一般贯通式炉分为四个区，以对应于渗碳过程的四个阶段（加热、渗碳、扩散和预冷淬火）。不同区域要求气氛碳势不同，以此对其碳势进行分区控制。

4. 渗碳工艺

(1) 渗碳工艺参数如下:

1) 渗碳温度是指渗碳过程中所需的工件表面的温度。通常渗碳温度在800 ~ 950 ℃,具体温度的选择取决于工件材料和要求的渗碳层深度。

2) 渗碳时间是指工件在渗碳介质中暴露的时间。渗碳时间决定着渗碳层的深度,一般根据要求的渗碳层深度和工艺经验确定。

3) 渗碳介质是指用于引入碳原子的介质。常见的渗碳介质包括固体碳源(如碳粉、炭黑)、液体碳源(如石墨烯溶液)和气体碳源(如一氧化碳气氛或氨气气氛),选择合适的渗碳介质根据工件材料和需要的渗碳效果。

4) 渗碳层深度是指渗碳过程中在工件表面形成高碳含量层的厚度。渗碳层深度由渗碳时间、温度和碳源浓度等因素决定。

5) 冷却速率的选择取决于工件材料和要求的硬度。渗碳过程结束后,需要进行冷却和淬火,以稳定渗碳层的硬度和组织结构。快速冷却可以形成较硬的渗碳层,而较慢的冷却速率则可产生具有更好韧性的渗碳层。

(2) 渗碳工艺过程:

1) 准备工作。首先,需要对待处理的工件进行清洁和去除表面杂质,可以通过化学清洗、机械抛光或酸洗等方法完成,清洁的表面有助于渗碳介质与工件的接触和反应。

2) 选择渗碳介质。根据具体要求和工件材料,选择合适的渗碳介质,选择适当的渗碳介质可以实现所需的渗碳效果。

3) 渗碳温度和时间控制。根据工件材料和要求的渗碳层深度,选择适当的温度和时间。渗碳温度通常在 800 ~ 950 ℃,时间根据渗碳深度和成品要求而定。温度和时间的控制是关键,过高的温度或过长的时间可能导致过度渗碳或过深的渗碳层。

4) 渗碳处理。将待处理的工件与渗碳介质接触,使碳原子从介质中扩散到钢材表面。渗碳过程可以在密封的渗碳炉中进行,以确保渗碳介质与工件之间的接触和反应。

5) 碳化物形成和淬火。在渗碳过程中,碳原子与钢材中的铁原子发生化学反应,形成碳化物,常见的碳化物是铁碳化物(Fe_3C)。冷却和淬火的方式通常根据要求的硬度和工件材料来选择。

6) 后续处理。渗碳处理完成后,可以进行进一步的后续处理,如退火和调质,以调整工件的性能和组织结构,后续处理可以帮助消除残余应力和改善渗碳层的稳定性。

(3) 渗碳后的热处理。工件渗碳后,提供了表层高碳、心部低碳这样一种碳含量的工件。为了得到合乎理想的性能,尚需进行适当的热处理。常见的渗碳后热处理有以下几种。

1）直接淬火。在工件渗碳后，预冷到一定温度，然后立即进行淬火冷却，这种方法适用于气体渗碳或液体渗碳。固体渗碳时，由于工件装于箱内，出炉、开箱都比较困难，较难采用该种方法。

淬火前的预冷可以是随炉降温或出炉冷却。预冷的目的，是使工件与淬火介质的温度差减小，减少应力与变形。预冷的温度一般取稍高于心部成分的 A_r 点的温度，避免淬火后心部出现游离铁素体，获得较高的心部强度。此时表面温度高于相当于渗层化学成分的 A_{r3} 点的温度，奥氏体中碳含量高，淬火后表层残余奥氏体量高，硬度较低。

直接淬火的优点是：减少加热、冷却次数，简化操作，减少变形及氧化脱碳。其缺点是：由于渗碳时在较高的渗碳温度停留较长的时间，容易发生奥氏体晶粒长大。直接淬火，虽经预冷也不能改变奥氏体晶粒度，因而可能在淬火后力学性能降低。只有本质细晶粒钢，在渗碳时不发生奥氏体晶粒的显著长大，才能采用直接淬火。

2）一次加热淬火。渗碳后缓冷，再次加热淬火，再次加热淬火的温度应根据工件要求而定。一般可选在稍高于心部成分的 A_{c3} 点的温度，也可选在 A_{c1} 和 A_{c3} 之间，对心部强度要求较高的合金渗碳钢零件，淬火加热温度应选为稍高于 A_{c3} 点的温度。这样可使心部晶粒细化，没有游离的铁素体，可获得所用钢种的最高强度和硬度；同时，强度和塑性、韧性的配合也较好。这时对于表面渗碳层来说，先共析碳化物溶入奥氏体，淬火后残余奥氏体较多，硬度稍低。

对心部强度要求不高，而表面又要求有较高的硬度和耐磨性时，可选用稍高于 A_{c1} 的淬火加热温度。如此处理，渗碳层先共析碳化物未溶解，奥氏体晶粒细化，硬度较高，耐磨性较好，而心部尚存在大量先共析铁素体，强度和硬度较低。

为了兼顾表面渗碳层和心部强度，可选用稍低于 A_{c2} 点的淬火加热温度。在此温度淬火，即使是碳钢，在表层由于先共析碳化物尚未溶解，奥氏体晶粒不会发生明显粗化，硬度也较高。心部未溶解铁素体数量较少，奥氏体晶粒细小，强度也较高。

一次加热淬火的方法适用于固体渗碳。当然，液体、气体渗碳的工件，特别是本质粗晶粒钢，或渗碳后不能直接淬火的零件也可采用一次加热淬火。

3）两次淬火。在渗碳缓冷后进行两次加热淬火，第一次淬火加热温度在 A_{c1} 以上，目的是细化心部组织，并消除表面网状碳化物，第二次淬火加热温度选择在高于渗碳层成分的 A_{c1} 点温度（780～820 ℃）。二次加热淬火的目的是细化渗碳层中马氏体晶粒，获得隐晶马氏体、残余奥氏体及均匀分布的细粒状碳化物的渗层组织，渗碳件在最终淬火后均经 160～200 ℃的低温回火。

5. 渗碳后的组织变化

根据表面碳含量、钢中合金元素及淬火温度，渗碳层的淬火组织大致可分为两类。一类是表面无碳化物，自表面至中心，依次由高碳马氏体 + 残留奥氏体逐渐过渡到低碳马氏体，碳钢渗碳时一般为这种组织。图 3-14 所示为低碳钢渗碳后渗碳层的组织。从图中可以看出，渗层中无过剩碳化物，仅为针状马氏体 + 残留奥氏体。

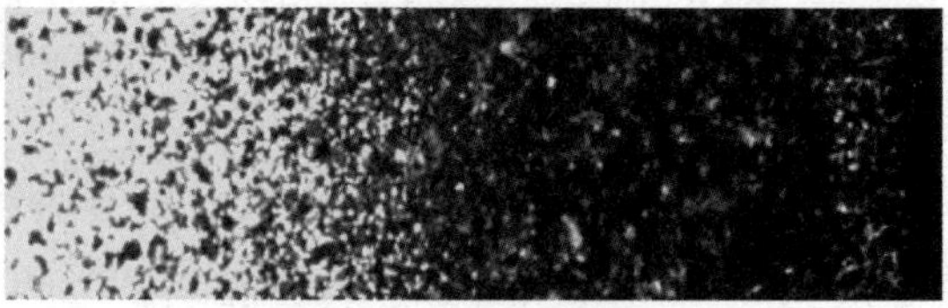

图 3-14 低碳钢工件渗碳缓冷的渗碳层组织

图 3-15 所示为渗碳层的碳含量分布、渗碳层残留奥氏体量及硬度分布示意图。由表面向内部，残留奥氏体量逐渐减少。渗碳层硬度在高于或接近碳含量 0.6% 处最高；在表面处，由于残余奥氏体较多，硬度稍低。

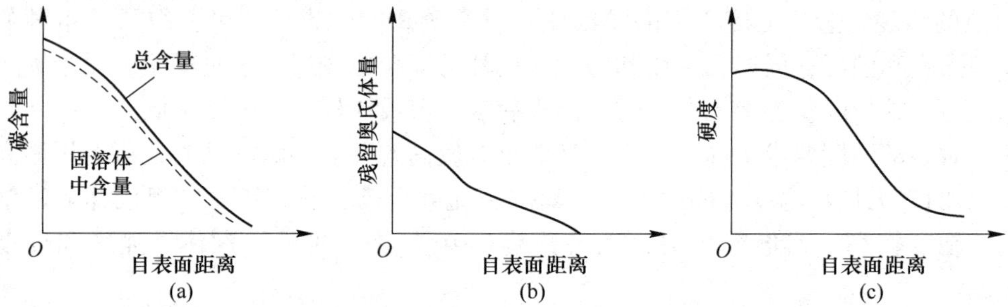

图 3-15 碳素钢渗碳后直接淬火渗层的碳含量、硬度分布及显微组织示意图
（a）碳含量分布曲线；（b）渗碳层残留奥氏体量；（c）渗碳层硬度分布

另一类是表层有细小的颗粒状碳化物，自表面至中心渗碳层淬火组织顺序为：细小针状马氏体 + 少量残留奥氏体 + 细小颗粒状碳化物→高碳马氏体 + 残留奥氏体→逐步过渡到低碳马氏体。图 3-16 所示为 20CrMnTi 钢 920 ℃渗碳 6 h 直接淬火后渗层碳浓度、残留奥氏体量及硬度沿截面的变化。由于表面细颗粒碳化物的出现，表面奥氏体中合金元素含量减少，残留奥氏体量减少，硬度较高。由含碳化物层过渡到无碳化物层时，奥氏体中合金元素含量增加，使得残留奥氏体量较多，硬度下降。在离表面约 0.2 mm 处奥氏体中碳含量最高、残余奥氏体量最多，硬度最低。除此以外，越靠近表面，奥氏体中碳含量越低。

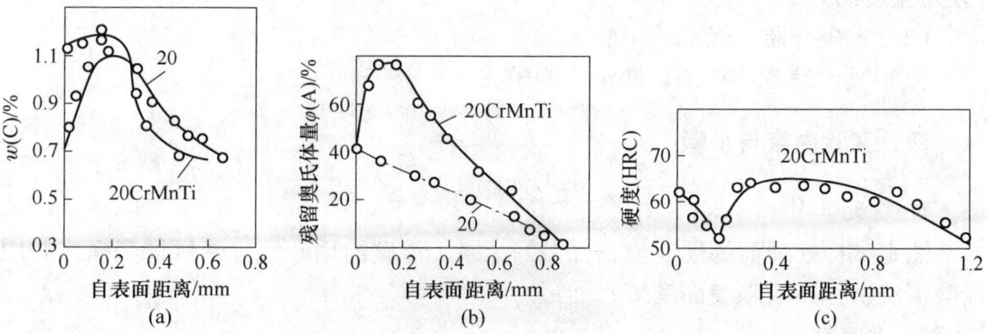

图 3-16　20CrMnTi 钢 920 ℃渗碳 6 h 直接淬火后渗层中奥氏体碳含量、残留奥氏体量及硬度分布曲线

（a）渗碳层中奥氏体中碳含量；（b）残留奥氏体量；（c）渗碳层硬度

相应地残留奥氏体量减少，硬度提高。心部组织在完全淬火情况下为低碳马氏体；淬火温度较低的为马氏体 + 游离铁素体；在淬透性较差的钢中，心部为屈氏体或索氏体 + 铁素体。

6. 渗碳层深度的测量

渗碳层深度的测量方法主要包括：金相显微镜观察法、显微硬度测试法、钻孔切割法、X 射线衍射法和化学分析法。

（1）金相显微镜观察法：使用金相显微镜观察钢件切面的显微组织，通过测量渗碳层和基材的界限确定渗碳层的深度。这种方法需要制备金相切片和适当的金相显微镜设备，对样品进行显微观察和测量。

（2）显微硬度测试法：使用显微硬度测试仪，对钢件表面进行显微硬度测试。通过在渗碳层和基材之间进行多个硬度测试，根据硬度的变化确定渗碳层的深度，这种方法通常需要对钢件进行金相制样和显微硬度测试。

（3）钻孔切割法：使用钻头或切割工具，在钢件表面钻孔或切割出一小块，并对钻孔或切割口进行显微观察或测量。通过观察钻孔或切割口的深度和颜色变化，可以估计渗碳层的深度。

（4）X 射线衍射法：使用 X 射线衍射仪对渗碳层进行分析，通过衍射峰的位置和强度来确定渗碳层的厚度，这种方法需要专业的 X 射线衍射仪设备和相关的数据分析。

（5）化学分析法：通过在渗碳层和基材之间切割样品，并使用化学方法对样品进行表面碳含量的分析。基于碳含量的变化，可以推测渗碳层的深度。

三、实验设备及材料

（1）实验材料：20 号钢或 20CrMnTi 钢退火试样、冷却剂为水、10 号机油

（使用温度约为 22 ℃）。

（2）渗碳介质：煤油或甲醇。

（3）其他设备：夹子、铁丝、钩子。

四、实验内容与步骤

1. 预先工作

测定试样处理前的硬度值，并做好记录。渗碳前用砂纸打磨试样表面，并用乙醇清洗试样，清除表面锈斑、油污。

2. 渗碳操作

（1）将清理干净的试样放入井式渗碳炉中进行渗碳处理，渗碳温度为 930 ℃，渗碳时间为 3 ~ 6 h。渗碳升温至 600 ℃时启动风扇，800 ℃时以 20 ~ 30 滴/min 速度开始滴入煤油或甲醇，并一直保持到渗碳温度，同时点燃排气管中的尾气。待炉子温度升到渗碳温度，渗碳剂滴入量调整为 40 ~ 60 滴/min，尾气火焰高度保持在 80 mm 左右，火焰颜色呈浅黄色。

（2）渗碳完成后可采用缓慢冷却或进行淬火回火操作，将渗碳后的试样进行直接淬火或一次淬火、二次淬火，再进行 180 ℃，60 min 回火处理。

（3）分别测定缓冷试样或淬火回火试样由表面到心部的硬度，并做好记录。

（4）制备渗碳处理后的金相试样，并在金相显微镜下观察渗碳组织和渗碳层厚度。

3. 钢的渗碳热处理缺陷

（1）渗碳不均匀。渗碳过程中，渗碳介质的扩散和反应不均匀可能导致渗碳层的厚度不均匀或存在局部渗碳不足或过度渗碳的情况，这可能是由于渗碳介质的分布不均匀、温度不均匀、工件形状复杂等原因造成的。

（2）渗碳层裂纹。在渗碳过程和冷却过程中，渗碳层可能会产生裂纹，这种裂纹可能是由渗碳过程中的残余应力、快速冷却导致的应力集中、组织变化不均匀等原因引起的。

（3）渗碳层脱落。渗碳层与基材之间的黏附力不足，可能导致渗碳层的脱落。

（4）渗碳层气孔。在渗碳过程中，如果存在氧气或其他气体的存在，可能导致渗碳层中形成气孔，这可能是由于渗碳介质质量不高、渗碳过程中的气氛控制不准确等原因引起的。

（5）渗碳层变脆。渗碳过程中，如果过度渗碳或过深的渗碳层可能导致渗碳层变脆，这可能会影响工件的力学性能和使用寿命。

4. 注意事项

（1）装、取试样时，夹钳不能带有水或油，在水或油中冷却后要擦拭干净。

（2）部分加热炉需要断电后操作，应听从指导教师讲解。

（3）测定硬度前必须用砂纸将试样表面的氧化铁皮去除并磨光。对每个试样，应在不同的部位测定 3 次硬度，并计算其平均值。

（4）渗碳热处理时应注意操作安全，不要随意触动有关电炉及温度控制器的电源部分，以免触电及损坏设备。

五、实验报告

分析渗碳工艺参数对渗碳层组织和性能（硬度）的影响，并阐明硬度变化的原因。

六、思考题

（1）如何选择适当的渗碳方法来提高钢的硬度和耐磨性？

（2）如何控制渗碳层的深度和均匀性？

（3）渗碳后的钢材如何进行淬火处理？

（4）如何评估渗碳处理后钢材的性能？

实验十四　钢的渗氮热处理实验

一、实验目的

（1）熟悉钢的气体渗氮原理及渗氮工艺。

（2）了解设备及操作方法。

（3）了解钢在渗氮过程中的组织和性能的变化。

（4）了解渗氮层厚度的测定方法。

二、实验原理

（一）渗氮定义

渗氮是指在材料表面引入氮元素的过程，通过将氮原子扩散到材料表面，形成一层氮化物或固溶体层，以改善材料的硬度、耐磨性和抗腐蚀性能。渗氮是一种常用的表面处理技术，广泛应用于金属材料，特别是钢材。通过渗氮处理，可以使材料表面具有更高的硬度、抗磨损性和化学稳定性，提高材料的使用寿命和性能。

（二）渗氮目的

（1）提高硬度。渗氮可以在材料表面形成氮化物或固溶体层，这些层具有较高的硬度。通过渗氮处理，材料的表面硬度可以显著提高，从而增加材料的抗磨损性和耐久性。

（2）增强耐磨性。渗氮处理可以形成具有良好耐磨性的表层，这对于经常接触或受到磨损的部件特别重要。渗氮能够提供对摩擦、磨损和刮擦等各种力的抵抗力，从而延长材料的使用寿命。

（3）提高抗腐蚀性。渗氮处理可以形成抗腐蚀的氮化物层，这可以提高材料的抗腐蚀性能。氮化物层可以提供有效的屏障，防止腐蚀性介质进入材料内部，从而减少腐蚀的发生。

（4）改善表面质量。渗氮可以消除材料表面的缺陷、氧化层和污染物等，从而改善材料的表面质量。渗氮处理可以使材料表面更加平滑、洁净，提高材料的观感和整体品质。

（5）增加材料的功能性。渗氮可以根据需要调节渗层的深度和硬度，从而实现对材料性能的定制。通过渗氮处理，可以使材料表面具有特定的功能，如耐磨、耐蚀、导电性等，以满足特定的应用要求。

（三）渗氮方法

渗氮方法包括气体渗氮法、离子渗氮法、盐浴渗氮法、液体渗氮法等，常用的为气体渗氮法。

1. 气体渗氮法

气体渗氮法是一种常用的表面处理方法，用于在材料表面引入氮元素。在气体渗氮过程中，将工件放置在渗氮炉中，然后通入氮气和氢气的混合物。通过控制温度和渗氮时间，使氮气和氢气在一定温度范围内与材料表面的金属元素反应，生成氮化物层。

一般渗氮法是在整个渗氮过程中渗氮温度和氨气分解率保持不变，温度在480～520 ℃，氨气分解率为15%～30%，保温时间近80 h。这种工艺适用于渗层浅、畸变要求严、硬度要求高的零件，但处理时间过长。多段渗氮法是在整个渗氮过程中按不同阶段分别采用不同温度、不同氨分解率、不同时间进行渗氮和扩散，整个渗氮时间可以缩短至近50 h，能获得较深的渗层，但这样渗氮温度较高、畸变较大。还有以抗蚀为目的的气体渗氮，渗氮温度在550～700 ℃，保温0.5～3 h，氨分解率为35%～70%，工件表层可获得化学稳定性高的化合物层，防止工件受湿空气、过热蒸汽、气体燃烧产物等的腐蚀。正常的气体渗氮工件，表面呈银灰色。有时，由于氧化也可能呈蓝色或黄色，但不影响使用。

（1）一般渗氮法（等温渗氮法），也称一段式渗氮法。它是在恒温下进行长时间保温的渗氮工艺，渗氮温度为510～530 ℃，其渗氮工艺曲线如图3-17所示。第一阶段保温15～20 h，为吸氮阶段。这一阶段采用较低的氨分解率（18%～25%），零件表面因洗后会产生大量氮原子与零件心部形成氮浓度差。第二阶段为扩散阶段。在这个阶段为减少活性氮原子的数量而将氨分解率提高至

30%~40%，保温时间在60 h左右。等温渗氮工艺过程简单，渗氮温度较低、渗层浅、零件变形小、表面硬度高，但渗氮速度慢，产生周期长，适用于渗氮深度浅、尺寸精度和硬度要求高的零件。

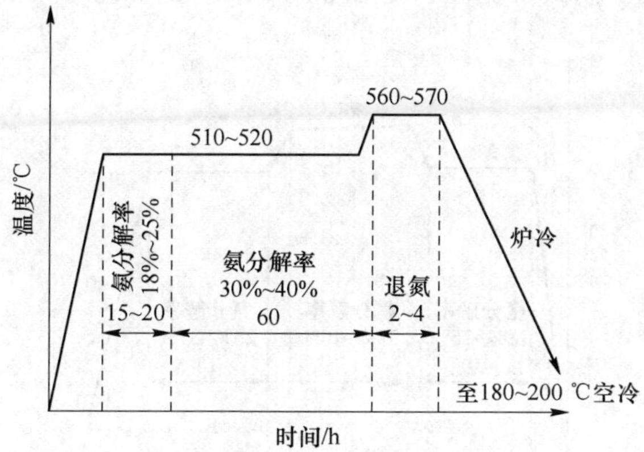

图3-17　钢的等温渗氮工艺曲线

（2）二段式渗氮法。二段式渗氮工艺曲线如图3-18所示，第一阶段的工艺参数（除保温时间外）与等温渗氮相同。第二阶段把渗氮温度提高至550~560 ℃，以加速氮原子的扩散，缩短渗氮周期，氨分解率提高至40%~60%。根据对渗氮层的脆性要求，急速冷却前也应提前2 h提高氨分解率和温度进行退氮处理。二段式渗氮的时间比等温渗氮短，表面硬度稍微低，变形略有增大，适用于渗氮层较深、批量较大的零件。

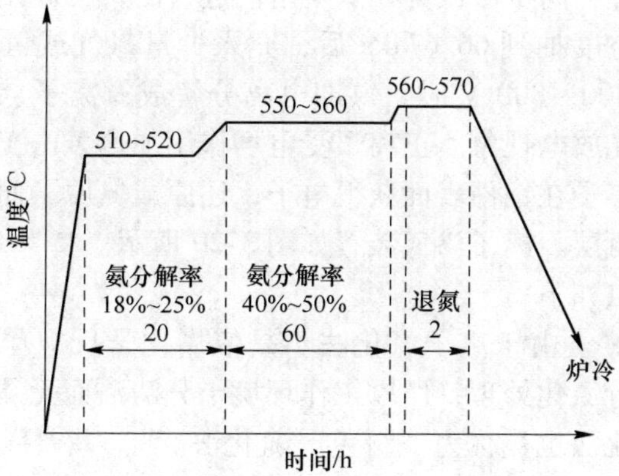

图3-18　钢的二段式渗氮工艺曲线

（3）三段式渗氮法。三段式渗氮工艺曲线如图3-19所示，它是在二段式渗氮基础上发展起来的。这种工艺是将第二阶段的温度适当提高，以加快渗氮过程，同时增加较低温度的第三阶段，以弥补因第二阶段氮的扩散快而使表面氮浓度过低，保证表面氮含量以提高表面硬度。三段式渗氮能进一步提高渗氮速度，但硬度比一般渗氮工艺低，脆性、变形等比一般渗氮工艺略大。

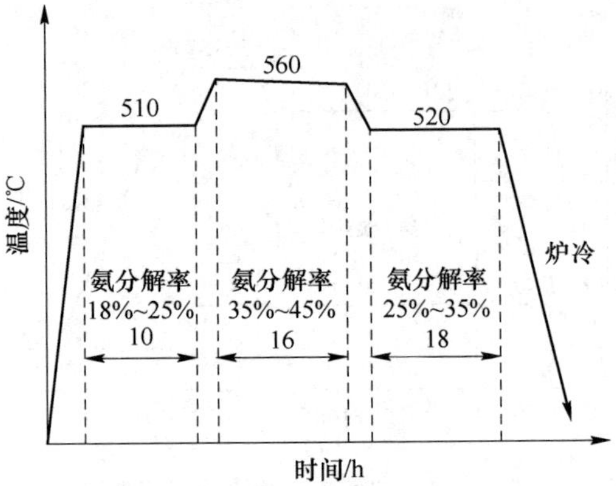

图 3-19 钢的三段式渗氮工艺曲线

2. 离子渗氮法

离子渗氮法是使用离子束或离子等离子体对材料进行渗氮的方法。在离子渗氮过程中，通过加速器将氮离子束引导到材料表面，氮离子在材料表面与金属元素相互作用，产生氮化物层。离子渗氮具有较高的渗透能力和较短的处理时间。

离子渗氮的过程：离子渗氮是在真空室内进行的，工件接高压直流电源的负极。将真空室的真空度抽到 66.67 Pa 后，充入少量氮气或氢气、氮气的混合气体。当电压调整到 400 ~ 800 V 时，氮即电离分解成氮离子、氢离子和电子，并在工件表面产生辉光放电现象。正离子受电场作用加速轰击工件表面，使工件升温到渗氮温度。氮离子在钢件表面获得电子，还原成氮原子而渗入钢件表面并向内部扩散，形成渗氮层。离子渗氮装置如图 3-20 所示。

离子渗氮的优点如下：

（1）工作环境好。由于离子氮化法不是依靠化学反应作用，而是利用离子化了的含氮气体进行氮化处理，所以工作环境十分清洁而无须防止公害的特别设备。因而，离子氮化法也被称为“绿色”氮化法。

（2）渗入速度快。由于离子氮化法利用离子化了的气体溅射作用，因而可显著地缩短处理时间（离子渗氮的时间仅为普通气体渗氮时间的 1/5 ~ 1/3）。

（3）能源消耗少。离子氮化法利用辉光放电直接对工件进行加热，也无须特别的加热和保温设备，且可以获得均匀的温度分布。与间接加热方式相比，该

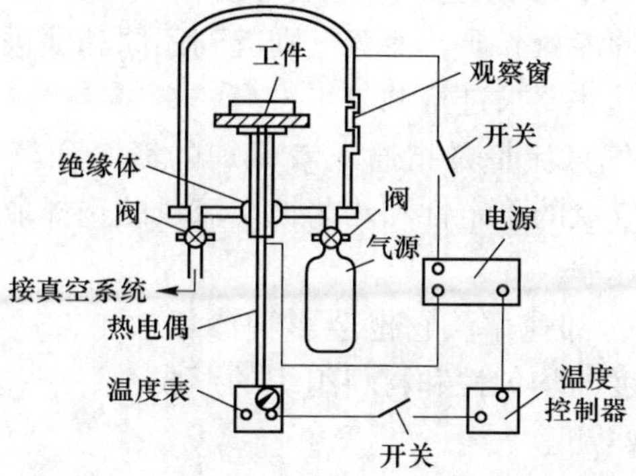

图 3-20　离子渗氮装置

法的加热效率可提高 2 倍以上，达到了节能效果，可大大降低处理成本。

（4）零件变形小。

（5）渗氮组织易于控制。通过调节氮、氧及其他（如碳、氧、硫等）气氛的比例，可自由地调节化合物层的相组成，从而获得预期的力学性能。

（6）适应范围广泛。该法可用于不锈钢模具的渗氮，利用离子的轰击作用，可以自动去除不锈钢、耐热钢模具表面的钝化膜，可直接进行不锈钢模具的渗氮。

（7）易于实现局部渗氮。

3. 盐浴渗氮法

盐浴渗氮法是一种将材料浸入氮化物形成盐浴中的方法。在盐浴渗氮中，工件被浸入含有氮化剂的盐浴中，然后通过加热使盐浴达到渗氮温度。渗氮过程中，盐浴中的氮化剂会与材料表面的金属元素反应，形成氮化物层。

4. 液体渗氮法

液体渗氮法是将材料浸入含有氮化剂的液体中进行渗氮处理的方法，常见的液体渗氮方法包括氰化钠和硝酸钠的混合物、氰化氢等。

（四）渗氧工艺

1. 渗氮工艺参数

（1）温度。温度是影响气体渗氮效果的重要参数，通常渗氮温度在 500 ~ 600 ℃，根据材料类型和处理要求进行调节。温度过低会导致渗层不够均匀，温度过高则会影响材料的性能。

（2）渗氮时间。渗氮时间是决定渗层深度和硬度的关键参数，渗氮时间根据所需的渗层厚度和硬度进行调节。较长的渗氮时间可以获得更深的渗层，但同时也可能导致过度的氮化和变质。

（3）气氛气体比例。渗氮过程中，通常使用氮气和氢气的混合物作为渗氮气氛。氮气作为主要的渗氮介质，而氢气则起到还原和促进反应的作用，氮气和氢气的比例可以根据具体要求进行调节。

（4）气氛流量。气氛流量是指通入渗氮炉的氮气和氢气的流量，适当的气氛流量可以确保渗氮气氛的稳定性和均匀性。流量的选择取决于炉子的尺寸、渗氮厚度和所需的渗氮速率。

（5）加热速率和冷却速率。它也会影响渗氮效果，适当的加热速率和冷却速率可以控制渗氮温度的均匀性和材料组织的形成。

2. 渗氮工艺过程

（1）准备工件。首先，准备待处理的工件，通常是金属材料（如钢）。工件需要进行预处理，如清洁、去除氧化物和油脂等，以确保材料表面的干净和光洁。

（2）加热渗氮炉。将工件放置在渗氮炉中，然后加热炉内的气氛，通常是氮气和氢气的混合物。温度控制非常重要，通常在 500 ~ 600 ℃，具体温度取决于材料类型和处理要求。

（3）稳定温度。一旦温度达到设定值，需要保持温度稳定一段时间，通常是几个小时，以确保整个工件达到渗氮温度，并促进氮气和氢气的反应。

（4）渗氮反应。在恒定温度下，开始通入氮气和氢气混合物。混合气体通过渗氮炉的气氛循环，与材料表面的金属元素发生反应。

（5）氨在无催化剂时，分解活化能为 377 kJ/mol，而当有铁、钨、镍等催化剂掺杂时，其活化能约为 167 kJ/mol，因此，钢渗氮时氨的分解主要在炉内管道、工件、渗氮箱及挂具等钢铁材料制成的构件表面通过催化作用来进行。通入渗氮箱的氨气，经过工件表面而落入钢件表面原子的引力场时，就被钢件表面所吸附，这种吸附是化学吸附。在化学吸附作用下，如前所述，解离出活性氮原子，被钢件表面吸收并渗入工件表面。

（6）冷却和清洗。渗氮处理结束后，将工件从渗氮炉中取出，并进行适当的冷却和清洗。冷却可以使用氮气或其他冷却介质来控制温度，以避免过度的组织变化。清洗可以去除表面的残留物和杂质，以获得干净的渗氮层表面。

（五）渗氮后的热处理

（1）淬火处理。渗氮后的材料通常需要进行淬火处理，以提高其硬度和强度。淬火是将材料迅速冷却，使其组织发生相变，从而形成马氏体组织，这可通过将材料迅速浸入淬火介质（如水、油或气体）中实现。淬火过程中需要注意温度和冷却速率的控制，以确保获得所需的淬火效果。

（2）回火处理。淬火后的材料通常过于脆硬，需要进行回火处理降低其脆性，同时保持一定的硬度。回火是将材料加热至较低的温度，并保持一段时间，然后缓慢冷却。回火温度和时间的选择取决于材料的类型和所需的硬度和韧性，适当的回火处理可以使材料获得更好的强度和韧性平衡。

（3）淬火回火处理。对于某些应用，淬火回火处理也可应用于渗氮后的材料，这是将材料先进行淬火处理，然后进行回火处理。淬火回火处理可以调整材料的硬度、强度和韧性，并获得更适合特定应用的性能。

（六）渗氮层深度的测量

渗氮层深度的测量是金属热处理领域的一个重要方面。渗氮是一种表面硬化技术，通过将氮原子扩散到金属表面来增强其硬度、耐磨性和抗疲劳性，检测渗氮层的深度对于保证零件性能至关重要。以下是几种测量渗氮层深度的常用方法：

（1）金相显微镜法。通过金相显微镜观察切割、研磨和抛光后的试样横截面，渗氮层和母材之间的过渡通常比较明显，可以被直观看到，通过使用金相分析软件可以准确测量渗氮层深度。

（2）硬度测试法。使用显微硬度计按照规定的间隔深度进行多点硬度测量，渗氮层的硬度会从表面向内逐渐降低，通过硬度变化来确定渗氮层深度。

（3）化学侵蚀法。利用酸或其他化学试剂对渗氮层进行颜色显现，对试样进行化学腐蚀处理后，不同深度的渗氮层会呈现不同颜色，通过观察颜色变化测量渗氮层的深度。

（4）超声波检测法。利用超声波技术来检测渗氮层和母材界面，需要先确定材料不同深度的超声波传播速度。使用超声波探头在零件表面扫描，通过接收反射波确定渗氮层的深度。

（5）显微镜测量法（Vickers 或 Knoop）。通过载荷较小的 Vickers 或 Knoop 硬度测试确定渗氮层的硬度梯度，通常从表面向内部按一定间隔进行硬度测试并记录数据。

（6）EDS（能量色散 X 射线光谱分析）。使用扫描电子显微镜（SEM）下的 EDS 进行成分分析，在穿透到不同深度下利用 X 射线能量分布的差异确定氮含量及分布，从而推断渗氮层的深度。

三、实验设备及材料

（1）实验材料：38CrMoAl 钢试样、汽油、洗涤剂（使用温度约为 22 ℃）。
（2）渗氮介质：氨气。
（3）其他设备：夹子、铁丝、钩子。

四、实验内容与步骤

（一）预先工作

测定试样处理前的硬度值，并做好记录。渗氮去除工件上的毛刺、油污、锈斑等，然后在洗涤剂中清洗以保证氮气能均匀渗透材料表面。

（二）渗氮操作

气体渗氮实验的操作流程主要包括以下步骤：

（1）装载工件。将清洁后的工件放入渗氮炉内，根据工件尺寸和数量，适当设置其在炉内的位置，以保证气体均匀流动。

（2）炉内气氛准备。调整气体流量、确保气体纯度，通常使用的气体为氨气，有时也会掺杂尿素、氨基甲烷、特殊气体等作为氮源。清空炉内空气，建立所需的气氛。

（3）加热。开启加热系统，炉温逐渐上升至设定的渗氮温度，通常在500～550 ℃。炉温稳定后保温一段时间，使工件温度均匀。

（4）渗氮处理。开始渗氮实验，在控制的渗氮气氛中维持恒温，持续一定时间以实现所需的渗氮深度。实验时间根据工件材料、预期的渗氮深度和氮化效果的要求确定。

（5）冷却工件。渗氮完成后，根据材料特性和所需的性质，选择适当的冷却方式（空冷、油冷、水冷等）。有些工艺可能需要在炉内缓慢冷却以减少工件应力。

（6）排气和关闭设备。关闭氮源气体供给，打开排气系统，确保所有氨气和副产品完全排出，关闭所有加热元件和相关设备。

（7）检查和后处理。取出工件进行清洁和必要的后处理，对工件进行渗氮效果的检查，包括渗氮层深度的测量、硬度测试和微观结构分析等。

（8）记录数据和清理现场。完整记录实验参数、操作步骤和结果，清理现场及设备，为下一次实验做准备。

（三）钢的渗氮处理缺陷

（1）白层的生成。在气体渗氮过程中，表面可能会生成硬度较高的白亮层（又称化合物层），由铁氮化合物（如 Fe_4N 或 $Fe_{2\text{-}3}N$）组成。这层虽然硬度高，但通常脆性也大，可能导致在实际应用中产生裂纹或剥落。

（2）渗氮层脆性。渗氮层如果氮化过度，会导致脆性增加，抗冲击性和疲劳寿命会降低。

（3）不均匀的渗氮层。渗氮层深度不均匀，可能是因为工件放置不当、炉内气氛不均匀或是工件预处理不彻底。

（4）产生应力和变形。渗氮处理的温度控制不当，或冷却速率控制不均匀会造成工件内部的残余应力增加，进而导致工件变形。

（5）黏结。如果炉内放置的工件过于紧密，可能会造成接触部位的气体流动不畅，导致渗氮不均匀，有些地方甚至出现黏结。

（6）渗氮层过浅。渗氮时间或温度控制不足，抑或使用的钢材性能不足，都可能导致渗氮层过浅无法满足使用要求。

（7）气体污染。炉内气氛污染，如进入了氧气或其他有害气体，会影响渗氮质量，形成氧化物或其他化合物。

（四）注意事项

（1）装、取试样时，夹钳不能带有油，在油中冷却后要擦拭干净。

（2）材料必须清洁，表面无油污、生锈或其他污染物。对于形状复杂的工件，需确保所有表面都可被渗氮气体触及。

（3）严格控制渗氮温度，高温有助于提高渗透率，但过高温度会增加脆性和白层的风险。准确设定渗氮时间，以获得所需的硬化深度。确保气体流动稳定，压力适中，以保证炉内气氛均匀。

（4）使用高纯度的渗氮气体，任何杂质都可能影响渗氮效果，保证气体流量和压力符合设定的参数。

（5）工件应均匀分布在炉内，避免相互之间形成遮挡，确保气体可覆盖工件的各个表面。避免工件之间直接接触，以防粘连。

（6）渗氮过程中的升温和冷却速率应控制，以防止快速温变造成的内应力和变形。

（7）渗氮过程中会使用到有害气体，操作人员必须佩戴适当的个人防护设备。实验室应有良好的通风系统，以及紧急情况下的安全阀和泄漏处理方案，要有完备的操作培训和安全教育。

（8）对渗氮炉的性能进行检查，以保证加热和温控的准确性。实验后，要对工件进行检查，测量渗氮深度、硬度和微观组织等，确保渗氮效果符合要求。

五、实验报告

（1）根据所测的硬度数据，画出渗氮处理后试样由表面到心部的硬度变化曲线，并阐明硬度变化的原因。

（2）指出此过程中出现的各种问题，并提出改良方法。

六、思考题

（1）描述钢在气体渗氮过程中发生的主要化学反应，并说明为什么这些反应能够提高钢材的表面硬度和耐磨性？

（2）如果气体渗氮处理的时间增加，这会如何影响渗氮层的深度和特性？是否存在一个最佳的渗氮时间，为什么？

（3）在气体渗氮过程中，工件表面出现了不均匀的白层（化合物层），请列举可能的原因，并提出应对策略。

（4）渗氮炉内未能达到预期的氮气纯度，导致渗氮效果不一致。请讨论可能的影响因素和如何通过调整工艺参数改善渗氮效果。

（5）讨论在气体渗氮实验中可能遇到的安全风险，以及应采取哪些防护措施确保实验人员和环境的安全？

（6）有些钢材对渗氮响应不良，原因是什么？钢材的哪些成分会影响其对渗氮的响应，并说明其原理。

（7）渗氮炉在长期使用后，内部升温和冷却速率与原设置的参数产生了偏差，这可能由什么原因引起，应如何进行炉子的维护和校准？

（8）如何评估气体渗氮处理后钢材的质量？请列举至少三种检测和分析方法，并解释它们对评价渗氮效果的重要性。

第四章　机械工程材料性能实验

实验十五　金属硬度实验

一、实验目的

掌握碳含量对铁碳合金(20 号钢、45 号钢、T8 钢、T12 钢等）显微组织的影响。

二、实验原理

铁碳合金的显微组织是研究和分析钢铁材料性能的基础。平衡状态的显微组织是指合金在极为缓慢的冷却条件下（如退火状态接近平衡状态）所得到的组织，可以根据 Fe-Fe_3C 相图分析铁碳合金在平衡状态下的显微组织。

由于碳含量不同，铁素体和渗碳体的相对数量，析出条件以及分布情况均有所不同，因而呈现各种不同的组织形态。铁碳合金，尤其是常见的钢材，其显微组织和性能极大地受到碳含量的影响。了解不同碳含量对显微组织的影响有助于选择和应用适合特定工程需求的钢材。下面是 20 号钢、45 号钢、T8 钢和 T12 钢等几种典型钢材的碳含量。

（一）20 号钢

碳含量：约 0. 2%。

显微组织：20 号钢主要由铁素体和少量珠光体组成。铁素体是一种体心立方结构的铁相，具有良好的塑性和韧性，但硬度和强度较低。珠光体是由铁素体和渗碳体（Fe_3C）交替层状排列组成，提供更多的强度和硬度。碳含量较低使得 20 号钢主要表现出良好的塑性和韧性，适合制造焊接结构和低强度的机械部件。

（二）45 号钢

碳含量：约 0. 45%。

显微组织：45 号钢的显微组织主要是珠光体，可能含有少量的铁素体或索氏体。珠光体的比例较高，使得 45 号钢具有较高的强度和硬度，同时保持了一定的塑性和韧性。这种钢广泛应用于制造轴、齿轮等承受较大载荷的机械部件。

（三）T8 钢

碳含量：约 0. 8%。

显微组织：T8 钢的显微组织主要是珠光体和较多的渗碳体。较高的碳含量导致硬度和耐磨性增加，但塑性和韧性降低。T8 钢适用于制造各种刀具、冲模和其他要求高硬度及耐磨性的工具。

（四）T12 钢

碳含量：约 1.2%。

显微组织：T12 钢的显微组织主要是渗碳体和少量珠光体。高碳含量使得 T12 钢具有很高的硬度和耐磨性，但其塑性和韧性较低。常用于制造高硬度的刀具和其他耐磨工具。

三、实验设备及材料

金相显微镜、布氏硬度计、洛氏硬度计、显微维氏硬度计、金相图谱、各种铁碳合金（20、45、T8、T12 等）的金相显微试样等。

四、实验内容与步骤

（1）认真观察各种材料的显微组织，识别各显微组织的特征。

（2）作出碳含量与硬度的关系曲线。

五、思考题

作出碳含量与硬度的关系曲线并分析结果。

实验十六 碳钢性能与成分之间关系测定

一、实验目的

掌握布氏、洛氏、维氏硬度计的使用方法及硬度的测量方法。

二、实验原理

铁碳合金的显微组织是研究和分析钢铁材料性能的基础，所谓平衡状态的显微组织是指合金在极为缓慢的冷却条件下（如退火状态接近平衡状态）所得到的组织，我们可以根据 $Fe\text{-}Fe_3C$ 相图分析铁碳合金在平衡状态下的显微组织。铁碳合金的平衡组织主要是指碳钢和白口铸铁的室温组织，碳钢和白口铁的室温组织均由铁素体和渗碳体这两种基本相组成。但是，由于碳含量不同，铁素体和渗碳体的相对数量、析出条件以及分布情况均有所不同，因而呈现各种不同的组织形态。

（一）铁碳合金的基本组织及特征

1. 奥氏体（A）

奥氏体（A）是碳溶解在 γ-Fe 中的间隙固溶体。它的最大溶碳量为 2.11%，碳钢中的奥氏体仅能在高温下（大于723 ℃）存在，在高温金相显微镜下可观察到。某些合金钢，也称奥氏体钢中（如高锰钢，18-8 不锈钢），由于含有大量扩大 γ 相区的元素，才能在室温下观察到。此外，碳钢和合金钢在淬火后有时还保留部分奥氏体至室温。

碳钢中的高温奥氏体组织，在金相显微镜下呈多边形晶粒，晶粒内部往往出现平行的孪晶带，这是由于加热和冷却过程中所产生的热应力使奥氏体发生塑性变形所致。

奥氏体的硬度（HB）较低，为 170～220，塑性好，所以钢在压力加工时，都要加热到形成奥氏体温度。

2. 铁素体（F）

铁素体（F）是碳溶解在 α-Fe 中的间隙固溶体。它的溶碳量随着温度的改变而变化，其最大的溶碳量在 723 ℃为 0.02%。

经 3%～5% 硝酸酒精溶液侵蚀后呈白色的多边形晶粒，黑色网是晶粒边界。重侵蚀后晶粒呈现明暗不同的颜色，这是由于各晶粒的位向不同，显示出各晶粒具有不同的耐腐蚀性。亚共析钢中，随着碳含量的增加，珠光体量增加而铁素体量减少，当铁素体量多时，它呈块状分布，而当钢的碳含量接近共析成分时，F 在 P 的边界上呈网状分布。铁素体硬度（HB）低，一般为 80～120，强度也较低，但塑性和韧性都好，所以低碳钢是适合作为冷冲压材料。

3. 渗碳体（Fe_3C）

渗碳体是铁和碳的一种化合物，碳含量为 6.67%。在铁碳合金中，当碳含量超过其溶解度时，多余的碳就以 Fe_3C 出现。

渗碳体的抗腐蚀能力较强，经 3%～5% 硝酸酒精溶液侵蚀后呈白亮色。$Fe_3C_{Ⅰ}$ 直接从液体中析出，呈粗大条状分布在莱氏体中；$Fe_3C_{Ⅱ}$ 由奥氏体中析出，由于量少而沿奥氏体晶界析出，随后奥氏体变成珠光体，故 $Fe_3C_{Ⅱ}$ 呈网状分布在 P 的边界上。

渗碳体的硬度（HB）很高，达 800，它是一种硬而脆的相，所以强度、塑性都很差。单纯 Fe_3C 或以 Fe_3C 为基体的铁碳合金没有实用价值，只有在铁素体基体上配合适量渗碳体才可用。

4. 珠光体（P）

珠光体（P）是铁素体和渗碳体两相的机械混合组织，是由高温奥氏体冷却到 723 ℃发生共析反应得到的 F 和 Fe_3C 交替形成的层片状组织。经 3%～5% 硝酸酒精溶液侵蚀后，在金相显微镜低的倍数下观察，其中铁素体与渗碳体无法分辨，呈现黑色乌云状，在中等倍数下观察，片状珠光体中铁素体呈白亮色，而渗碳体呈黑色条纹状，这是因为在片状珠光体中铁素体片宽。当放大倍数很高时，铁素体和渗碳体片状形态都能真实地反映出来。渗碳体和铁素体都保持成平面，由于前者不易被侵蚀，故凸出于铁素体之外，但在两者硬度（HB）接界处，由于侵蚀时电化学作用较剧烈，产生的凹陷在直射光照射下光线被散射，而呈现黑色。片状珠光体硬度（HB）为190～230，随片层间距的变小而硬度升高。

5. 莱氏体（L′d）

莱氏体（L′d）是一种两相共晶组织。在723 ℃以上是奥氏体和渗碳体共晶的机械混合物。在723 ℃时，莱氏体发生共析反应，从而变成珠光体，所以室温下观察的莱氏体组织是渗碳体＋珠光体的机械混合物。渗碳体中包括共晶 Fe_3C 和 Fe_3C_{II}，由于连在一起而分辨不开，经3%～5%硝酸酒精溶液侵蚀后，L′d的组织特征是在白亮色 Fe_3C 基体上分布着许多黑色点状或条状的P。

莱氏体和珠光体不同在于前者是在渗碳体的基体上分布着珠光体，后者是在铁素体基体上分布着渗碳体。

莱氏体硬度（HB）高达700，性脆，它一般存在于碳含量大于2.11%的白口铁中，在某些高碳合金钢的铸造组织中也会出现。

（二）亚共析钢的碳含量估算

亚共析钢平衡组织为铁素体＋珠光体。已知珠光体平均碳含量为0.8%，如果忽略铁素体中的碳（723 ℃ 0.02%到室温0.006%的变化）。根据杠杆定律，从金相显微镜下观察到珠光体含量面积百分数乘上0.8%即为碳钢的碳含量。如果显微组织中珠光体面积分数约占75%，则该试样碳含量约为 $75\% \times 0.8 = 0.6\%$。

（三）布氏硬度的基本原理

硬度是表征材料强度特性的一种重要性质。硬度试验方法很多，但用得最广泛的是压入法，在压入法中最常用的是布氏硬度和洛氏硬度法。

压入法测定硬度的方法是：用一个坚硬而不发生永久变形的物体压入金属表面时，金属抵抗在其表面产生局部塑性变形的能力。

因为硬度值的大小能说明金属材料耐磨性的好坏，同时与金属强度指标之间存在着一定的近似关系，实验时不破坏工件，而且试验设备简单，操作方便、迅速，故硬度试验是力学性能试验中用得最广泛的一种。

布氏硬度试验是施加一定大小的载荷 P，将直径为 D 的钢球压入被测金属表面（见图4-1）保持一定时间，然后卸除载荷，根据钢球在金属表面上所压出凹痕面积 $F_{凹}$ 求出平均压力值，以此作为硬度值的计算指标，并用符号“HB”表示。

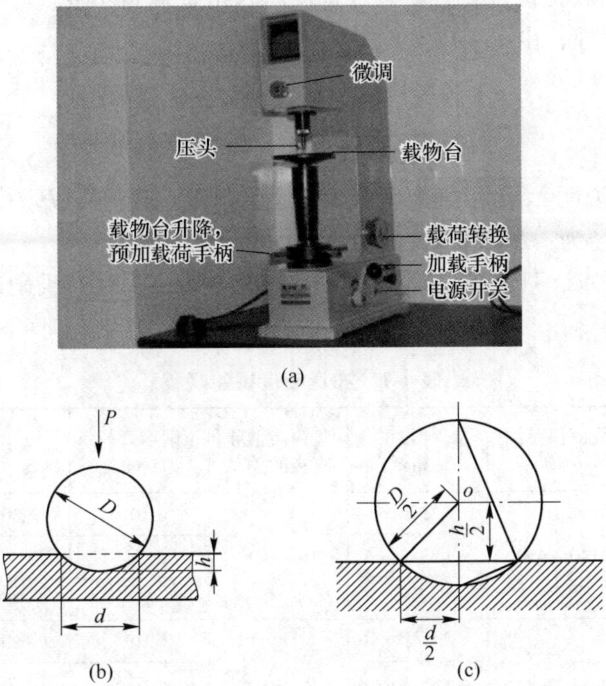

图 4-1　布氏硬度试验原理图

（a）布氏硬度计；（b）原理；（c）h 和 d 的关系

布氏硬度的计算公式如下：

$$HB = P/F_{凹} = \frac{P}{\pi \frac{D}{2}\sqrt{D - \sqrt{D^2 - d}}} \tag{4-1}$$

式中　HB——布氏硬度值；

P——载荷，9.8N；

$F_{凹}$——压痕面积，mm^2；

D——钢球直径，mm；

d——压痕直径，mm。

式中（4-1）只有 d 是变数，故只需测出压痕直径 d，根据已知 D 和 P 值就可计算出 HB 值。在实际测量时，可由测出之压痕直径 d 直接查得到 HB 值。

由于金属材料有硬有软，所测工件有厚有薄，若只采用同一种载荷和钢球直径时，则对硬的金属适合，而对软的金属就不适合，会发生整个钢球陷入金属中的现象；若对于厚的工件适合，则对于薄的工件出现压透的可能，所以在测定不同材料的布氏硬度值时就要求有不同的载荷 P 和钢球直径 D。为了得到统一的可以相互进行比较的数值，必须使 P 和 D 之间维持某一比值关系，以保证得到压痕形状的几何相似关系，其必要条件是使压入角 φ 保持不变。

根据相似原理，由图 4-1(c) 中可知：

$$HB = \frac{P}{D^2} = \frac{1}{\frac{\pi}{2}\left(1 - \sqrt{1 - \sin^2\frac{\phi}{2}}\right)} \tag{4-2}$$

式（4-2）说明，当 ϕ 值为常数时，为使 HB 值相同，P/D^2 值为 30 : 10 : 2.5，钢球的直径为：$D = 10 : 5 : 2.5$。

根据上述要求，规定不同材料不同厚度的金属，测定布氏硬度的实验条件可参考表 4-1。

表 4-1 布氏硬度试验规程

材料种类	硬度值范围（HB）	试样厚度 /mm	负荷与钢球直径的关系	钢球直径 D/mm	负荷/kg	负荷持续时间/s
黑色金属铁、钢	140～450	>8	$P = 30D^2$	10	3000	10
		8～3		5	750	
		<3		2.5	187.5	
	<140	>8	$P = 30D^2$	10	3000	30
		8～3		5	750	
		<3		2.5	187.5	
铜镁有色金属及合金	31.8～130	>8	$P = 10D^2$	10	1000	30
		8～3		5	250	
铝及轴承合金	8～35	>8	$P = 2.5D^2$	10	250	60

布氏硬度试验主要用于室温下黑色、有色金属原材料检验，也可用于退火、正火钢铁零件的硬度测试。国家标准《金属布氏硬度试验方法》(GB 6270—86)，范围：HB <450（650），HBS 表示用淬火钢球，适用于硬度值在 450 以下的材料，HBW 表示用钨合金钢球，适用于硬度值在 450 以上的材料。

（四）洛氏硬度试验的基本原理

洛氏硬度同布氏硬度一样也属压入硬度法，但布氏硬度由于钢球本身存在变形的问题，对太硬（HB >450）的金属材料不能采用；同时，由于压痕较大，不易于某些成品检验和薄件检验。洛氏硬度是根据压痕深度确定硬度值指标的，所以不存在上述缺点。洛氏硬度试验所用压头有两种：一种是顶角为 120°（1.588 mm）的淬火钢球。根据金属材料软硬程度不一，可选用不同的压头和载荷配合使用，最常用的是 HRA、HRB 和 HRC，这三种洛氏硬度的压头、负荷及使用范围列于表 4-2。洛氏硬度测定时，需要先后两次施加载荷（预载荷和主载荷），预加载荷的目的是使压头与试样表面接触良好，以保证测量结果准确。

表 4-2　洛氏硬度试验条件及应用范围

洛氏硬度值	压　头	负荷/kg	常用硬度范围	应　用
HRA	120°金刚石圆锥	150	20～87（相当于HB：230～700）	测量中等硬度的金属材料，如淬火钢及 HB＞450 的材料
HRB	120°金刚石圆锥	80	＞70（相当于HB＞700）	测量极薄（厚度 0.3～0.5 mm）极硬（HRC＞75）的材料
HRC	直径 1.588 mm 的钢球	100	25～100（相当于HB：80～230）	测量退火钢，有色金属等软而薄的材料

洛氏硬度试验主要用于室温下金属材料热处理后的产品硬度测试，测量范围为 HRC 20～67；HRA 60～85；HRB 25～100，测试标准为《金属洛氏硬度试验方法》(GB/T 230—91)。

图 4-2 中 0—0 位置为未加载荷时的压头位置，1—1 位置为加上 98 N 预加载荷后的位置，此时压入深度为 h_1，2—2 位置为加上主载荷后的位置，此时压入深度为 h_2，h_2 包括由加载所引起的弹性变形和塑性变形，卸除主载荷后，由于弹性变形恢复而稍提高到 3—3 位置，此时压入深度为 h_3。洛氏硬度就是以主载荷所引起的残余压入深度（$h = h_3 - h_1$）来表示。但这样直接以压入深度的大小表示深度，将会出现硬的金属硬度值较小软的金属硬度值较大的现象，这与布氏硬度标志的硬度值大小的概念相矛盾。为了与习惯上数值越大硬度越高的概念相一致，采用一常数（K）减去（$h_3 - h_1$）的差值表示硬度值。为简便起见，又规定每 0.002 mm 压入深度作为一个硬度单位(即刻度盘上一小格)。

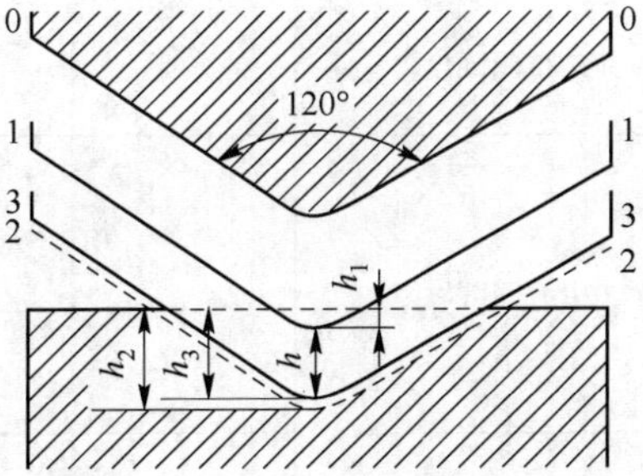

图 4-2　洛氏硬度试验原理图

（五）肖氏硬度测试实验的基本原理

以一个圆锥形金刚石（或钢球）标准冲头从一定高度自由下落到试样的表面，以冲头回弹的高度来计算即为肖氏硬度值。肖氏硬度值用 HS 表示，并在符号后注以 C、D 型号。其计算公式为：

$$HS = k\frac{h_2}{h_1} \tag{4-3}$$

式中　k——系数，C 型硬度 $k = 10^4/65$，D 型硬度 $k = 140$；

h_1——冲头自由下落的高度，mm；

h_2——冲头落于试样表面后的回弹高度，mm。

C、D 型肖氏硬度的技术参数见表 4-3。

表 4-3 C、D 型肖氏硬度技术参数

项　　目	C 型	D 型
冲头质量/N	0.0231	0.3550
下落高度 h_1/mm	254	19
冲击速度/m·s^{-1}	2.23	0.61
回弹高度 h_2/mm	165.1	12.35

适用范围：肖氏硬度试验主要用于在室温条件下测定精度要求不高的金属及合金大型工件的硬度测试。表 4-4 为各硬度允许误差范围。

表 4-4 硬度值计的允许示值误差

硬度种类	示值范围	允许示值误差
布氏硬度	负荷≥1839 N 负荷<1839 N	< ±3% < ±4%
洛氏硬度	HRA：60～85 HRC：40～65 HRC：25～35 HRB：75～95 HRB：40～60	±1.0% ±1.0% ±1.2% ±1.2% ±1.5%
维氏硬度	负荷>98 N 负荷≤98 N	≤±2.0% ≤±3.0%
显微维氏硬度	当负荷为 4.9 N 和 9.8 N 时，HV：700～800 当负荷为 1.96 N 时，HV：700～800 当负荷为 0.98 N 时，HV：400～500 当负荷为 0.49 N 时，HV：200～300	≤±3.0% ≤±4.0% ≤±4.0% ≤±5.0%
肖氏硬度	HSD	≤±2.5%

（六）维氏硬度测试试验（Vicker's hardness）的基本原理

以一相对两面夹角为 136°的金刚石正四棱锥形压头，在一定的负荷作用下，压入试样表面，经规定的保荷时间卸除负荷后，计量残留压痕两对角线长度（见图 4-3），并由此求出平均值。由实验负荷与残留压痕表面积之商计算出维氏硬度值。维氏硬度值用 HV 表示，其计算公式为：

$$\mathrm{HV}=0.102\frac{F}{A}=0.1891\frac{F}{d^2}\ \mathrm{MPa} \tag{4-4}$$

适用范围：维氏硬度试验主要用于在室温下薄板材或金属表层的硬度测定以及较精确的硬度测定。适用测量范围 HV 为 8～1000。测量标准有《金属维氏硬

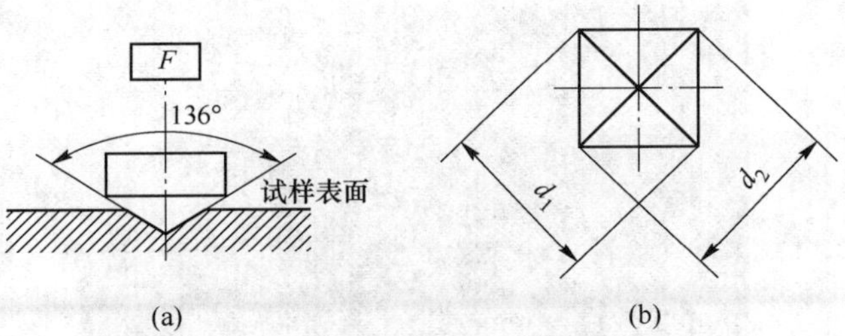

图 4-3　维氏硬度实验原理示意图
(a) 平视图；(b) 俯视图

度试验方法》(GB 4340—84) 和《金属小负荷维氏硬度试验方法》(GB 5030—85)(表面硬度)。

研究新型复杂合金的显微组织时，常常有必要来评定各个独立组织组成物的硬度，特别是研究合金在经受热处理、焊接以及压力加工以后内部组织所发生的变化，或是测定经化学热处理后表层的性能。

硬度测定是力学性能测定中最简便的一种方法，把硬度测定的对象缩小到显微尺度以内，称为显微硬度测定法。显微硬度能够测定在显微观察时欲评定的某一组织组成物或某一组成相的硬度。除此以外，显微硬度能够测定极硬极脆材料的硬度，如金刚石、碳化物、玻璃等。

1. 显微硬度压入头的类型

显微硬度的压入头是一个极小的金刚石锥体，重 0. 05 ~ 0. 06 克拉（克拉是金刚石重量计算的单位，1 克拉 = 0. 2033 g），镶在压入头的顶尖上。目前采用的显微硬度压入头有两种不同的形式，一种是正方锥体压入头，又称维氏锥体（见图 4-4），它的应用比较广泛，另一种是菱面锥体压入头，又称为克诺伯型压入头。

2. 维氏显微硬度值（HV）

维氏锥体压入头所测得的显微硬度，以 HV 表示。在计算时压痕的面积可以根据压痕对角线长度计算求得。若以 d 表示压痕对角线长度（单位 μm），α 表示锥体的夹角，则：

$$HV = 2\sin\frac{\alpha}{2} \times \frac{P}{d^2} \tag{4-5}$$

维式锥体 $\alpha = 136°$，代入上式得：

$$HV = 1854\frac{P}{d^2} \tag{4-6}$$

式中　P——负荷，9. 8 N；

　　d——压痕两对角线平均长度，μm。

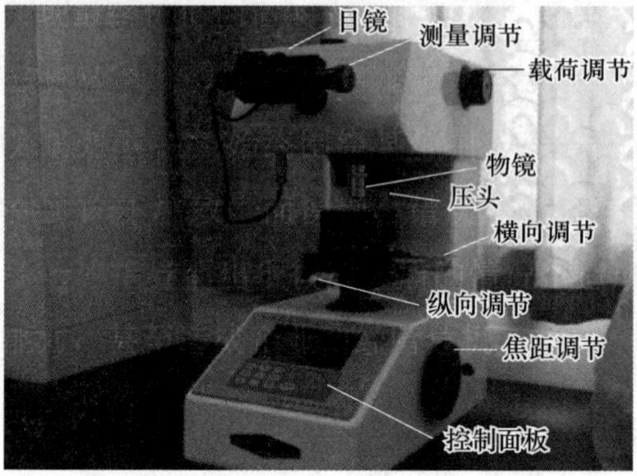

(a)

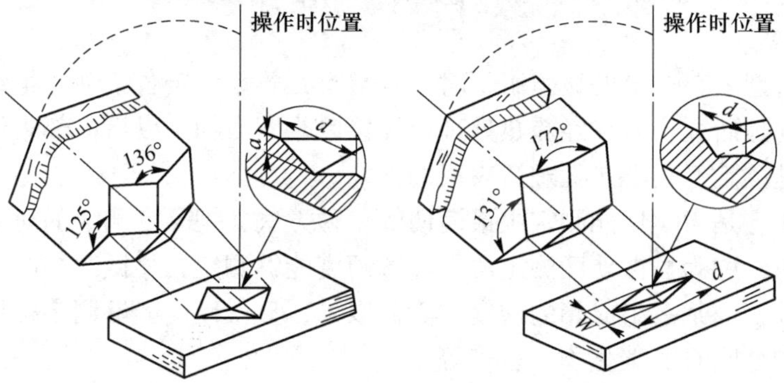

(b) (c)

图 4-4 硬度计压入头

(a) 维氏硬度计；(b) 维氏锥体压入头；(c) 菱面锥体压入头

3. 测定显微硬度的技术要求

（1）压痕中心到试样边缘的距离，或两相邻压痕中心之间的距离，应不小于 2 倍压痕对角线之长；

（2）试验矿物时，上述距离应不低于 5 倍压痕对角线之长；

（3）试样厚度应不小于压痕对角线长度 1.5 倍；

（4）试验金属合金之单独结构部分时，同样采用上列规程，并以晶粒之边界作为试样的边界。

4. 显微硬度计的结构和操作

（1）显微硬度计的结构，如图 4-5 所示。

（2）下面是操作方法。

一般测试步骤如下：

1）把试样放在试台上。

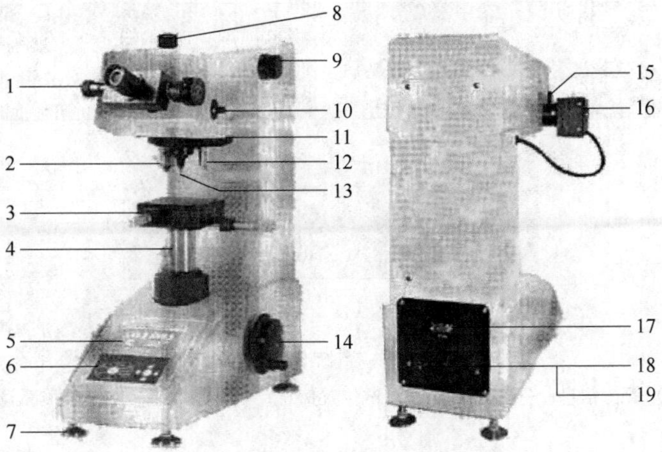

图4-5　显微硬度计的结构

1—测微目镜；2—10×物镜；3—X-Y 平台；4—升降轴；5—LCD（液晶显示屏）；6—薄膜键盘；7—水平调节螺钉；8—摄像接筒；9—试验力变换手轮；10—推拉杆；11—转台；12—40×物镜；13—压头；14—调焦手轮；15—滤色片；16—照明光源；17—RS232 接口；18—电源开关；19—电源插座

2）把转台上的40×物镜回转到工作位置。

3）移到试样，使之刚好在40×物镜下方。顺时针旋转调焦手轮，升起升降轴，直到试样被升高到离压头约0.5 mm 的高度。

4）慢慢地顺时针旋转调焦手轮，对光学系统进行调焦，直至对调焦结果满意。

5）如有必要，可把转台上的10×物镜回转到工作位置，观察、选择测试点并调焦，然后把40×物镜回转到硬度计中央进行精确调焦。调焦完成后，试样表面纹理应在视场内清晰可见。

6）把压头转到工作位置，准备进行测试。

7）按下“STRART”按钮，系统会开始一个测试并显示一个等待信息，如图4-6(a)所示。如果忘了执行步骤6)，则系统会给出一段警告信息：“ROTATE TURRET TO INDENTER POSITION”（把转台转到压头位置），如图4-6(b)所示。应当把转台转到测试位置并按“OK”确认，接着再按“STRART”开始测试。

8）测试完成后，系统的显示如图4-6(c)所示。此时，系统在等待你测量并输入对角线测量计数。

对角线测试步骤如下：

1）把40×物镜转到工作位置。

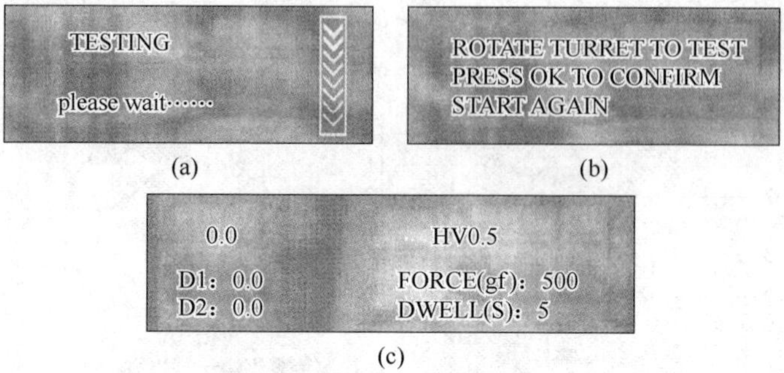

图 4-6 系统显示信息

（a）等待信息；（b）转台不在测试位置信息；（c）等待输入对角线测量读数

2）旋转眼罩，直至目镜内的两条细线都非常清晰，如图 4-7 所示。

3）观察目镜内的像质，用手轮进行对焦，直至压痕的像非常清晰。

4）向左移动测微目镜的细线定位鼓轮，使左边的细线刚好卡在压痕对角线的左尖端并与之垂直（见图 4-8），此操作将使两根线都一起移动。

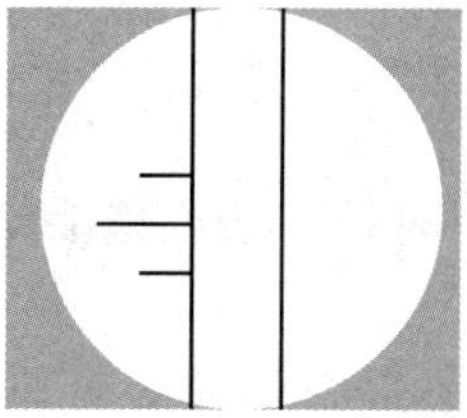

图 4-7 目镜内的两条细线非常清晰

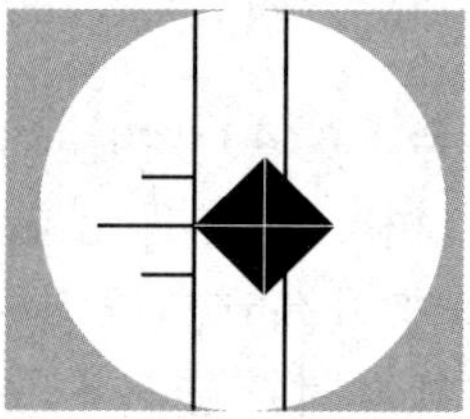

图 4-8 移动左边细线到压痕左尖端

5）旋转测量鼓轮，使右边细线刚好卡住压痕对角线的右尖端，如图 4-9 所示。

6）通过数字键在 D1 栏内输入测量鼓轮上的读数并按“OK”确认。如果输入数字有误，可在按“OK”之前按 <←> 逐个删除输入的数字。按“OK”确认后，D1 栏中的读数会自动转换成对角线长度，单位为 μm。

7）将测微目镜顺时针旋转 90°，观察目镜内的像，此时细线应与压痕的另一条对角线垂直。

8）旋转细线定位鼓轮，使之刚好卡住压痕的上尖端，此操作会同时移动两根线，如图 4-10 所示。

9）旋转测量鼓轮，使下部细线刚好卡住压痕的下尖端，如图 4-11 所示。

10）通过数字键在 D2 栏内输入测量鼓轮上的读数并按“OK”确认，此时硬度值一栏会显示你的测试结果。

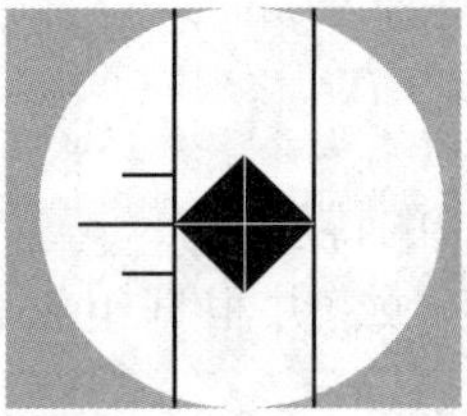
图 4-9　移动右边细线到压痕右尖端

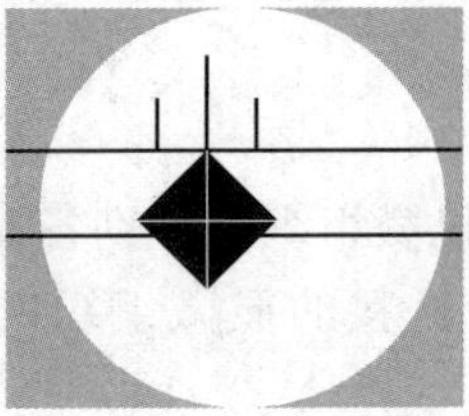
图 4-10　移动上部细线到压痕上尖端

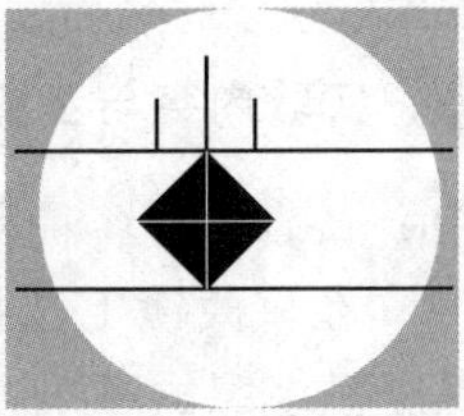
图 4-11　移到下部细线到压痕下尖端

11）如果对测试结果不满意，可以按“CLEAR”清除当前测试结果，接着可以重新测量并输入对角线长度。

（七）碳钢成分与性能关系

硬度（HB）主要决定于组织中组成相或组织组成物的硬度和相对数量，而受它们的形态的影响相对较小。随碳含量的增加，由于硬度高的 Fe_3C 增多，硬度低的 F 减少，所以合金的硬度呈直线关系增大，由全部为 F 的硬度（HB）约 80 增大到全部为 Fe_3C 时的约 800。

强度是一个对组织形态很敏感的性能。随碳含量的增加，亚共析钢中 P 增多而 F 减少。P 的强度比较高，其大小与细密程度有关。组织越细密，则强度值越高。F 的强度较低。所以亚共析钢的强度随碳含量的增大而增大；但当碳含量超过共析成分之后，由于强度很低的 Fe_3C_{II} 沿晶界析出，合金强度的增高变慢；到约 0.9% 时，Fe_3C_{II} 沿晶界形成完整的网，强度迅速降低；随着碳含量的增加，强度不断下降，到 2.11% 后，强度已降到很低的值。再增加碳含量时，由于合金基体都为脆性很高的 Fe_3C，强度变化不大且值很低，趋近于 Fe_3C 的强度（20～30 MPa）。

铁碳含金中 Fe_3C 是极脆的相，没有塑性，不能为合金的塑性作出贡献，合金的塑性全部由 F 提供，所以随碳含量的增大，F 量不断减少时，合金的塑性连续下降。到合金成为白口铸铁时，塑性就降到近于零值了。

对于应用最广的结构材料亚共析钢，其硬度、强度和塑性可根据成分或组织作如下估算：硬度（HB）$\approx 80 \times F\% + 180 \times P\%$ 或（HB）$\approx 80 \times F\% + 800 \times Fe_3C\%$，强度（$\sigma_b$）$\approx 230 \times F\% + 770 \times P\%$（MPa），伸长率（$\delta$）$\approx 50 \times F\% + 20 \times P\%$。式中的数字相应为 F、P 或 Fe_3C 的近似硬度、强度和伸长率，符号相应表示组织中 F、P 或 Fe_3C 的含量。

三、实验设备及材料

金相显微镜，布氏硬度计，洛氏硬度计，显微维氏硬度计，金相图谱，各种铁碳合金（20、45、T8、T12 等）的金相显微试样等。

四、实验内容与步骤

（1）认真观察各种材料的显微组织，识别各显微组织的特征。

（2）在显微镜下选择各种材料的显微组织的典型区域，并根据组织特征，绘出其显微组织示意图。

（3）记录所观察的各种材料的牌号或名称，显微组织，放大倍数及侵蚀剂，并把显微组织示意图中组织组成物用箭头标出其名称。

（4）对指定钢试样，根据显微组织中各组织所占面积，近似估算其平均碳含量及其钢号。

（5）利用显微硬度计测定以上典型碳钢的硬度值。

（6）作出含碳量与硬度的关系曲线。

五、思考题

（1）简述显微硬度计使用方法和要点。

（2）测定出不同试样显微硬度值并鉴定。

（3）作出碳含量与硬度的关系曲线并分析结果。

实验十七　金属拉伸实验

一、实验目的

（1）研究材料的拉伸过程，测定低碳钢在拉伸时的力学性能（屈服极限 σ_s、强度极限 σ_b，以及伸长率 δ 和断面收缩率 ψ），测定典型脆性材料（铸铁）在拉伸时的力学性能（强度极限 σ_b）。同时，对两种材料进行比较并观察实验过程中的现象（屈服、冷作硬化、颈缩等）。

（2）掌握万能材料试验机的基本原理及操作方法。

二、实验原理

拉伸试验是材料力学性能试验中最基本、最重要的试验。从实验的结果中，不但可以了解材料在静拉伸下一些重要的力学性能和材料对载荷抵抗能力的变化规律，还能足够准确地推断材料在其他形式变形条件下的性质，甚至还可以估计非静载荷条件下材料的一些性能，这些性能是工程上合理选用材料以及进行强度计算的重要依据。在材料力学各种计算中，几乎都要用到实验所测得数据。

本实验需测定塑性材料在拉伸状态下的两项强度指标和两项塑性指标，测定脆性材料在拉伸状态下的强度指标。

通常，用于表征材料强度极限的指标是屈服极限 σ_s 和强度极限 σ_b，公式如下：

$$\sigma_s = \frac{P_s}{A_0} \sigma_b = \frac{P_b}{A_0} \tag{4-7}$$

式中　P_s——试件材料的下屈服点对应的载荷，也称屈服载荷，Pa；

P_b——试件材料拉伸过程中的最大载荷，也称破坏载荷，Pa；

A_0——试件的原始截面面积，mm^2。

一般用于表征材料塑性性能的指标有伸长率 δ 及断面收缩率 ψ，公式如下：

$$\delta = \frac{L_1 - L_0}{L_0} \times 100\% \tag{4-8}$$

式中　L_0——试件原始的计算长度，mm；

L_1——试件拉断后的计算长度，mm。

$$\psi = \frac{A_0 - A_1}{A_0} \times 100\% \tag{4-9}$$

式中　A_1——试件拉断后颈缩处最小截面面积，mm^2。

拉伸图由试验机上的自动绘图装置画出。

为了测得一定精度的实验数据，《金属材料　拉伸试验　第 1 部分：室温试验方法》(GB/T 228. 1—2021) 规定，本实验必须保证试验机与量具的精度，同时要求试件标准化，以便进行比较，常见的有圆形和板形两种。本实验室采用圆形试件，如图 4-12 所示。

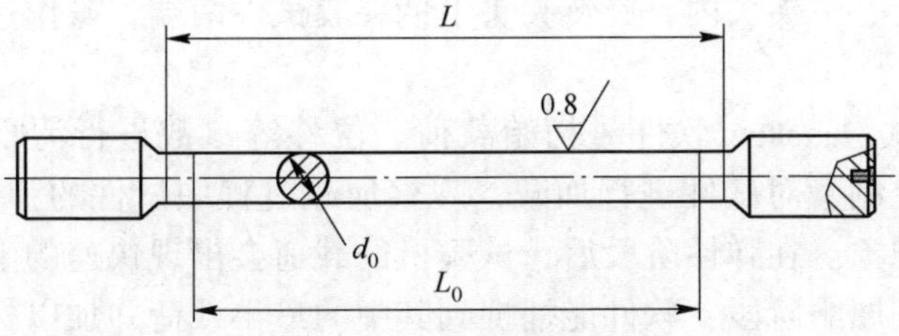

图 4-12　圆形截面拉伸试件示意图

图 4-12 中 d_0 是试件直径；L_0，在试件中间等截面部分取工作长度称为试件标距，作为测量拉伸变形时的原始长度，也称为计算长度。它由刻线机刻出或事先打好标记。

对于圆形截面试件，规定标距 L_0 与直径 d_0 的比例分别为：$L_0 = 5d_0$，称为五倍试件或短试件；$L_0 = 10d_0$，称为十倍试件或长试件；本实验室所使用的低碳钢和铸铁试件为标准圆形 10 倍试件。

对于板状试件（比例试件），标距与矩形截面面积呈一定比例关系。$L_0 =$

$5.65\sqrt{A_0}$，称为短试件；$L_0 = 11.3\sqrt{A_0}$，称为长试件。式中，A_0 为比例试件标距之内的矩形截面面积。

三、实验设备与仪器

（1）万能材料试验机。
（2）刻线机。
（3）游标卡尺、磁性千分表架。

四、实验内容与步骤

（一）低碳钢拉伸实验

（1）试件刻线：用刻线机在试件上刻好标距 L_0。

（2）测量直径：用游标卡尺测量直径。取标距两端及中间三个横截面的相互垂直方向各测量一次，取其平均值，再用所得三个数据中的最小值计算试件的横截面面积。

（3）试验机的吨位选择：估算最大载荷，试验机的吨位必须大于最大载荷，并且必须留有一定的余量。

（4）接通试验机及控制计算机的电源，使计算机与试验机处于联机状态。

（5）调整参数：在计算机中设定试验机运行速度等参数（相关参数已设定，实验可按已设定的参数进行）。

（6）试件安装：通过计算机或试验机上的控制盒调整上夹头到适当位置，将试件安装于上、下夹头内，旋转夹头手柄夹紧试件两端，操作过程中要特别注意安全。

（7）进行试验：通过软件对初始载荷、位移等参数进行清零，然后通过计算机或试验机控制盒对试件进行加载，观察加载过程中试件的弹性变形、屈服、强化、颈缩等现象。在弹性阶段后，试验机的载荷会出现快速的上下波动，表明此时材料已达到屈服阶段，软件能捕捉到其中的最小载荷并加以标记，此值称为屈服载荷 P_s。过了屈服阶段，材料强化，载荷随着变形增加而达到最大值。随后开始下降。此时，试件发生颈缩，由于颈缩后作用面积缩小，应力增大，载荷快速下降，试件断裂。最大载荷值 P_b，同样由软件捕获并加以标记。

（8）结束工作：关闭机器，取下试件，将拉断的试件断口对齐并量出拉断后的长度 L_1 以及断口直径 d_1，根据记录的 P_s、P_b、L_1、d_1 以及原始尺寸，计算 σ_s、σ_b、δ、ψ 等相关指标。

（二）铸铁拉伸实验

由于铸铁在拉伸的过程中没有屈服阶段，且在无显著变形的情况下突然断裂，故对铸铁只测定其强度极限 σ_b，即：

$$\sigma_b = \frac{P_b}{A_0} \tag{4-10}$$

测试方法与低碳钢试件相仿。

五、思考题

（1）低碳钢拉伸过程大致可分为几个阶段？在拉伸图上，各个阶段力与变形之间有什么关系，会出现什么现象？

（2）低碳钢与铸铁的拉伸性能有什么不同？

实验十八　冲 击 实 验

一、实验目的

（1）掌握冲击实验方法。

（2）熟悉低温脆性评定的各种方法。

（3）测定45号钢的韧脆转变温度。

二、实验原理

冲击实验用于测定金属在动弯曲负荷作用下折断时的冲击韧性。

冲击韧性是指一定尺寸和形状的金属试样，在规定类型的试验机上受冲击负荷折断时，试样剖槽处单位横截面积上所消耗的冲击功。

（一）试样

根据《金属材料夏比摆锤冲击试验方法》（GB/T 229—2020）规定，以图4-13和图4-14所示的试样为冲击韧性试验的标准试样。

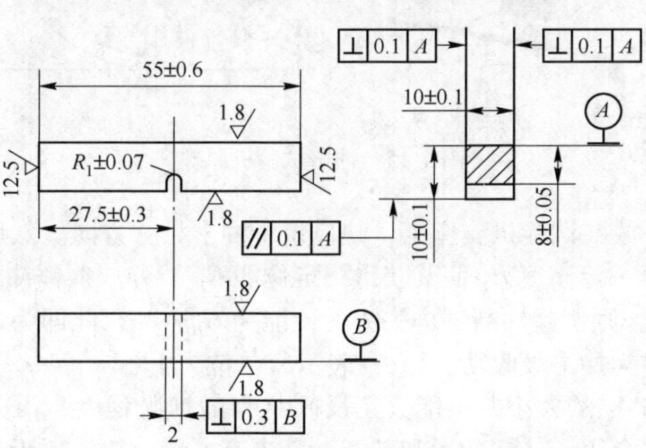

图4-13　梅氏U形缺口试样

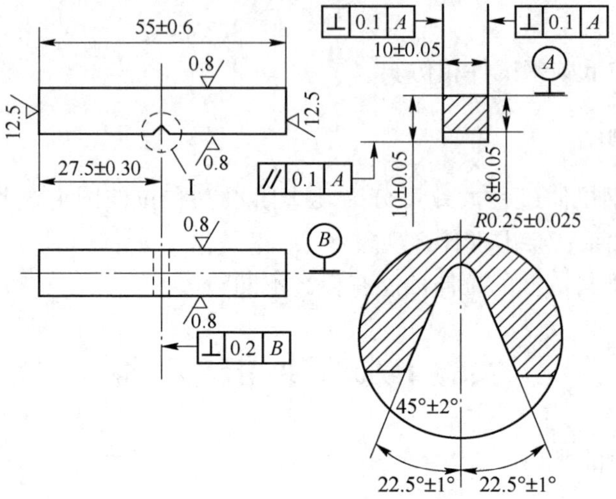

图 4-14 夏氏 V 形缺口试样

（二）冲击试验机及试验原理

试验是在摆锤式冲击试验机上进行的。冲击试验机主要由摆锤和支架组成，其基本原理如图 4-15 所示。

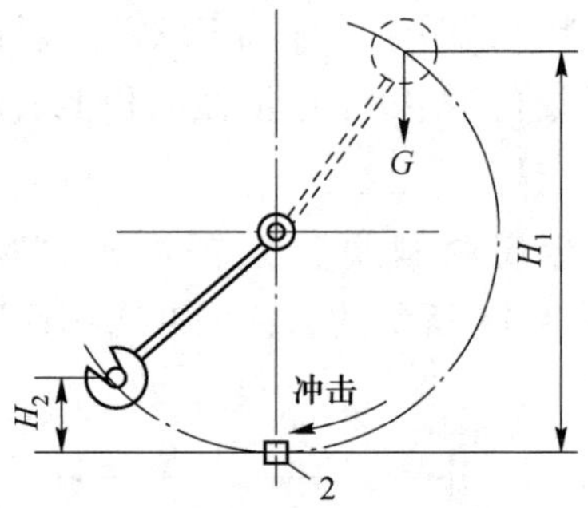

图 4-15 冲击试验机原理

将试样水平放在试验机支座上，缺口位于冲击相背方向。然后将具有一定质量 G 的摆锤举至一定高度 H_1 使其获得一定位能 G_{H_1}。释放摆锤冲断试样，摆锤的剩余能量为 G_{H_2}，则摆锤冲断试样失去的位能为 G_{H_1}-G_{H_2}，此即为试样变形和断裂所引起的功，称为冲击吸收功，以 A_k 表示，单位为 J。

冲击吸收功 A_k 的大小并不能真正反映材料的韧脆程度，因为缺口试样冲击吸收的功并非完全用于试样变形和破断，其中有一部分功消耗于试样掷出、机身振动、空气阻力以及轴承与测量机构中的摩擦消耗等。金属材料在一般摆锤冲击试验机上试验时，这些功是忽略不计的，当摆锤轴线与缺口中心线不一致时上述功耗较大。所以，在不同试验机上测得的 A_k 值彼此可能相差 10%～30%。此外，根据断裂理论，断裂类型取决于裂纹扩展过程中所消耗的功，消耗功大，则断裂表现为韧性的，反之则为脆性的。但 A_k 值相同的材料，断裂功并不一定相同。

（三）韧脆转变温度测定

1. 韧脆转变温度

温度降低时金属材料由韧性状态变化为脆性状态的温度区域，也称延性-脆性转变温度或塑性-脆性转变温度，简称脆性转变温度。主要针对钢铁随着温度的变化其内部晶体结构也发生改变，从而使钢铁的韧性和脆性发生相应的变化。低温脆性受位错移动力（派纳力）的影响，低温下派纳力移动困难，导致材料屈服强度急剧升高，在某一温度与断裂强度相等。当温度上升至 200～300 ℃时，由于内能增高，使得晶体键断裂。此时钢仍为较硬的固态，因此变脆易折。

在脆性转变温度区域以上，金属材料处于韧性状态，断裂形式主要为韧性断裂；在脆性转变温度区域以下，材料处于脆性状态，断裂形式主要为脆性断裂（如解理）。脆性转变温度越低，说明钢材的抵抗冷脆性能越高，如图 4-16 所示。因此在寒冷地区（如冬季的西伯利亚、南北两极）使用的钢材必须选用能适应寒冷情况的种类。

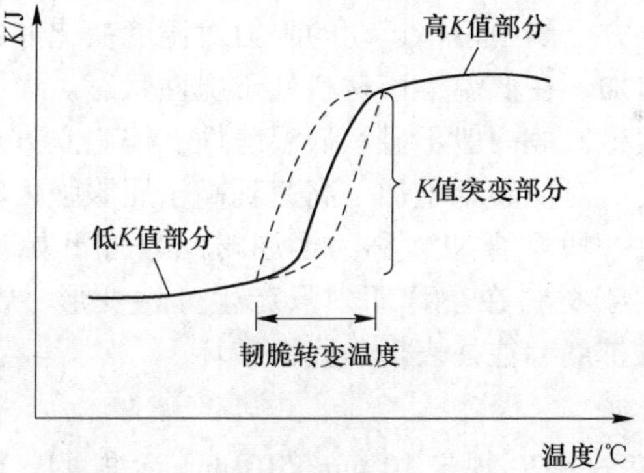

图 4-16　冲击吸收能量与温度关系曲线

2. 特征

韧脆转变温度的基本特征如下：

（1）与作用力大小有关，作用力大小不同，此温度也不同。

（2）随着升温速率不同，其大小也不同。

（3）测定方法。脆性转变温度要通过一系列不同温度的冲击实验来测定，根据测定方法的不同存在不同的表示方法，主要包括：

1）能量准则法。规定为冲击吸收功（A_k）降到某一特定数值时的温度，如

取 $A_{kma}\times 0.4$ 对应的温度，常以 T_k 表示。

2）断口形貌准则法。规定以断口上纤维区与结晶区相对面积达一定比例时所对应的温度，如取结晶区面积占总面积50%所对应的温度，以 FATT（Fracture Appearance Transition Temperature）表示。

3）落锤试验法。规定以落锤冲断长方形板状试样时断口100%为结晶断口时所对应的温度为无塑性转变温度，以 NDT（Nil Ductility Temperature）表示。

脆性转变温度除与表示方法有关外，还与试样尺寸、加载方式及加载速度有关，不同材料只能在相同条件下进行比较。在工程应用中，为防止构件脆断，应选择脆性转变温度低于构件下限工作温度的材料。对于含氮、磷、砷、锑和铋等杂质元素较多，在长期运行过程中有可能发生脆化、回火脆性等现象的材料，其脆性转变温度会随着运行时间而升高。因此，脆性转变温度以及脆性转变温度的增量已成为构件材料性能的考核指标之一。

3. 常用材料韧脆转变温度

一般的钢材韧脆转变温度为 -20 ~ -40 ℃；纯钼为 RT ~ 120 ℃；纯钨为400 ℃左右。

宏观上，体心立方中、低强度结构钢随着温度的降低，冲击功急剧下降，具有明显的韧脆转变温度。高强度结构钢在很宽的温度范围内，冲击功都很低，没有明显的韧脆转变温度。面心立方金属及其合金一般没有韧脆转变现象。

微观上，体心立方金属中位错运动的阻力对温度变化非常敏感，位错运动阻力随着温度下降而增加，在低温下该材料处于脆性状态。面心立方金属因位错宽度较大，对温度不敏感，故一般不显示低温脆性。体心立方金属的低温脆性还可能与迟屈服现象有关，对低碳钢施加一高速到高于屈服强度时，材料并不立即产生屈服，而需要经过一段孕育期（称为迟屈时间）才开始塑性变形，这种现象称为迟屈服现象。由于材料在孕育期中只产生弹性变形，没有塑性变形消耗能量，所以有利于裂纹扩展，往往表现为脆性破坏。

4. 测定原理

试样为 GB/T 229—2020 规定 10 mm × 10 mm 标准夏氏 V 形缺口试样。

材料为45号钢，将不同温度的试样水平放置在试验机支座上（缺口位于冲击相背方向），用有一定高度 H_1 和一定质量 m 的摆锤（其具有一定位能 mgH_1）在相对零位能处冲断试样，摆锤剩余能量为 mgH_2，则测得摆锤冲断各不同温度试样失去的位能，即为试样变形和断裂所消耗的冲击吸收功 A_{kv}，从而反映温度对金属材料的冲击韧性的影响。

三、实验设备及材料

冲击试样、加热炉、摆锤式冲击试验机、冷却装置（广口保温瓶、冷却介质为酒精加干冰）等。

四、实验内容与步骤

（1）试件准备。

（2）检查冲击试验机，调整零位。

（3）试样加热和冷却。系列冲击实验的目的在于得到冲击功随着温度的变化曲线，因此，试样必须加热和冷却到指定温度并经过 15 min 的保温。

加热：试样在加热炉中完成。

冷却：试样在低温仪内完成。

制备低温介质。其温度应比实验温度低 3 ℃，以补偿试样从取出到冲断时温度的回升。实验温度根据《金属夏比（V 形缺口）冲击试验方法》(GB 2106—1980）和《金属材料夏比摆锤冲击试验方法》(GB/T 229—2020）标准规定，为室温到 -40 ℃范围内的 6 种温度。

冷却试样：试样放入低温介质后，保温时间不应少于 15 min。

（4）检查试验机，校正指针的零点位置。

（5）安装低温试样。用特制夹子将试样自保温瓶取出放置到冲击试验机支座上，要求动作迅速准确（事先可以多次练习以达到要求）。

（6）进行冲击实验。

（7）冲完后立即读取，记录冲击功 A_{kv} 值，将指针拨回零位。

（8）找回冲断试样，观察截面断口上各区，并估算各区的面积比。记录冲击功，注意每一温度下的冲击实验不应少于 3 个试样。分别记录试样结果，不要取平均值，最后绘制冲击-温度曲线。

（9）记录实验数据，并填入以下实验数据记录表 4-5 中。

表 4-5　冲击实验记录表

材料		实验设备			实验时间			
组别	实验温度/℃	冲击功 A_{kv}/J						
		1	2	3	4	5	6	平均值
	70							
	50							
	20							
	10							
	-5							
	-10							
	-15							
	-20							
	-30							
	-40							

(10) 作出 A_{kv}-T 曲线（根据实验数据在坐标纸上绘制）。

(11) 由 A_{kv}-T 曲线确定脆性转变温度 T_k(℃) 值。

五、思考题

(1) 绘出金属的冲击韧性与温度的关系曲线。

(2) 简述温度对金属材料冲击韧性的影响趋势。

实验十九 摩擦磨损实验

一、实验目的

(1) 了解和掌握摩擦磨损试验机的原理及使用。

(2) 测定试件的磨损量。

二、实验原理

在机器运转时，任何机件在接触状态下相对运动都会产生摩擦、引起磨损。如轴与轴承、活塞环与气缸、十字头与滑块、齿轮与齿轮之间经常因磨损和接触疲劳，造成尺寸变化、表层剥落而失效。因此，研究磨损规律，提高机件耐磨性，对延长机件寿命具有重要意义。

金属抵抗磨损的能力称为耐磨性，这种性能和金属的其他性能一样，是金属在一定外部条件下的行为表现。但与其他许多性能不同的是，影响耐磨性的外部条件十分复杂，其中包括试样的表面粗糙度，陪试样的材料、性质、表面粗糙度，试样和陪试样的结构形成、表面的接触状态及其在摩擦过程中的变化，相对滑动速度，施加的载荷、环境介质、温度及散热条件等，每一个因素对耐磨性的影响都不容忽略。实际上耐磨性是包括所有内部因素和外部条件在内整个系统的性质，已远不是材料单一性质的表现。因此，制定统一的耐磨性测试材料是十分困难的，耐磨性数据都是在特定的试验条件下测定的。只有在特定试验系统内，所测数据可以互相比较，不同试验系统之间的数据不能相互比较。

耐磨性没有统一的测试方法，也没有统一的耐磨性指标。也就是说，这种性能还没有统一的衡量标准。目前有以下几种表示耐磨性的方法。

磨损量：试样在一定磨损试验条件下的质量损失，磨损量越小，耐磨性越高。

磨损体积：试样在一定的磨损试验条件下的体积减小量。有时也可用特定条件下试样的线长度减少量表示，磨损体积越小，耐磨性越高。

磨损率：试样在一定磨损试验条件下，承受单位压力并滑动单位距离后的磨损量或磨损体积。

相对耐磨性 ε 为：

$$\varepsilon = 标准试样的磨损量/被测试样的磨损量$$

相对耐磨性 ε 越高，材料的磨损抗力越大。相对耐磨性的倒数称为磨损系数。

（一）仪器构造

摩擦磨损试验机型号为：MMU-10G 高温摩擦磨损试验机。该试验机以端面滑动摩擦形式，在浸油润滑和无油润滑条件下，对试样施加较高的端面试验力，用于评定材料的室温和高温摩擦磨损性能。

该试验机的结构由主机、计算机控制系统组成，具体外观如图 4-17 所示。

图 4-17　MMU-10G 高温摩擦磨损试验机外观

1. 主机部分

主机由主轴驱动系统、摩擦副专用夹具、高温炉、试验力传感器、摩擦力测定系统、摩擦副下副盘升降系统、液压施力系统、操纵面板系统等部分组成，它们都安装在以焊接机座为主体的机架中。

机座的右上方是试验机面板操作系统，左上方是主轴驱动系统和高温炉、摩擦副，机座的左下部是试验机液压施力系统和微机自动加荷系统，右下部是工具箱，机座的前后及左侧有门，打开时能清楚看到内部机构，以便进行调试检修。

（1）主轴及其驱动系统。主轴电机选用松下交流伺服电机及调速系统。该系统电机的额定力矩为 14.3 N · m，调速范围为 10 ~ 3000 r/min，恒扭矩，高速精度为 0.2%。该电机最大功率约 3 kW，在主轴和电机上部分别装有从动和主动特制的圆弧齿形带轮，通过圆弧齿同步带把电机的功率传到主轴上。由于应用了闭环调速系统使其在低转速下具有高的传动力矩，它完全改变了可控硅无级变速系统在低转速下传动力成倍递减的特点。

（2）摩擦部分。该试验机配端面磨损摩擦，端面磨损摩擦结构如图 4-18 所示。按照图示位置安装好试样，即可进行试验。

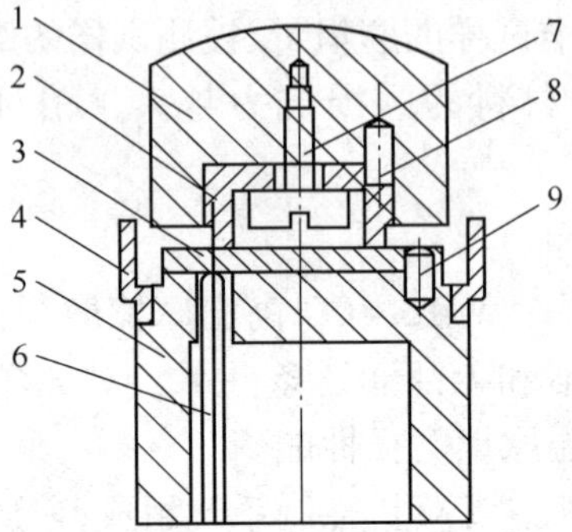

图 4-18 端面磨损摩擦

1—主轴；2—上试样；3—下试样；4—挡屑盘；5—下试样座；6—测温热电偶；7—固定螺钉；8—上力矩销；9—下力矩销

（3）摩擦力测量部分。该试验机摩擦力测量可通过高精度负荷传感器测量，进而根据力矩轮尺寸计算出相应的摩擦力矩。试验机上试样摩擦面为一环面，内径为 20 mm、外径为 26 mm，平均摩擦直径为 23 mm。力矩测量轮测量直径为 100 mm。试验时若测得摩擦力（显示摩擦力值）$F=50$ N，则摩擦力矩为：

$$M = F \cdot R \tag{4-11}$$

即

$$M = 50 \times 100/2 = 2500\ \text{N} \cdot \text{mm}(100\ \text{mm 为摩擦力矩轮直径})$$

若换算到试样上，摩擦力矩不变，实际摩擦力为：

$$F = M/11.5 = 217.4\ \text{N}(11.5\ \text{为上试样上推圈平均直径})$$

（4）液压加载部分。本试验机采用液压加载，加载系统提供恒定不变的试验力。

2. 电气控制部分

试验机操作面板分为两部分，其中左面为油源控制部分，右面为试验参数控制部分。油源控制部分面板如图 4-19 所示，试验参数控制面板如图 4-20 所示。

（二）操作方法

（1）在液晶显示器下方有一电脑主机开关，接通电源后，按下此按钮，打开电脑主机，从桌面上打开控制系统。

（2）依次打开主机控制面板上的电源开关，压力油泵开，预热 30 min 左右。

（3）调整转速。

（4）设定试验参数。

（5）清零操作。

（6）温度控制部分，常温摩擦磨损试验无须操作温度控制器。

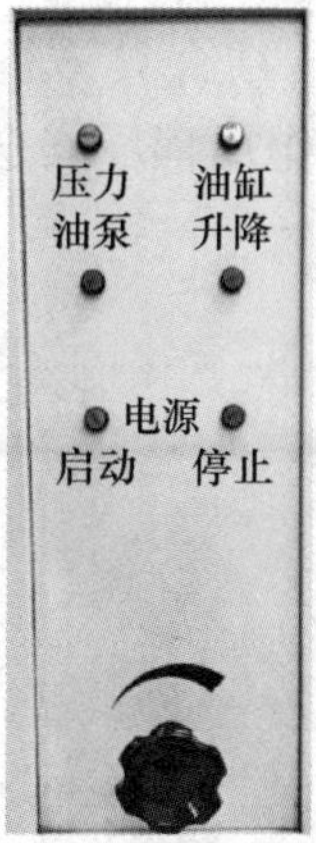

图4-19　油源控制面板

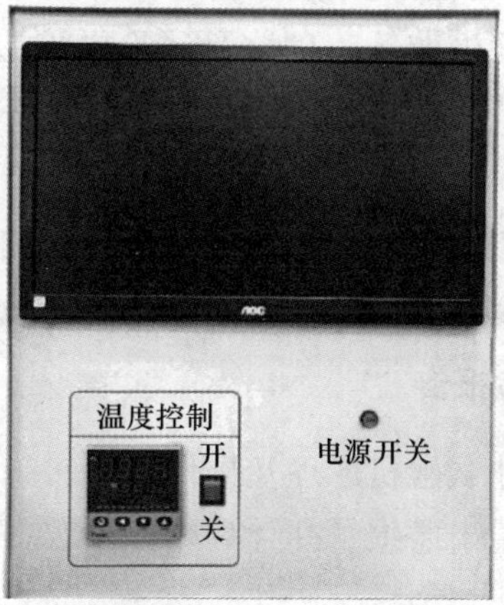

图4-20　试验参数控制面板

操作可参照以下步骤：

（1）接通电源，按下电脑主机开关，从桌面打开控制系统。

（2）打开电源开关，打开油泵开关，预热 30 min 左右，预热过程中通过转速给定调节转速，直到达到试验方法要求的理想状态。

调节转速的具体步骤：首先单击参数控制系统栏中电机测试按钮，此时转速显示区域显示一定数值，通过转速给定调节转速，顺时针减小、逆时针增大，直到达到试验方法要求的理想状态，单击停止测试（转速调整时油缸升降按钮必须处于关闭状态）。

（3）选择试验方法，安装试样。先安装上试样，将上试样安装到正确位置后用锁紧螺钉固定，再安装下试样。

（4）试样安装好后，进行参数设置。

（5）加载试验力，首先按下油缸升降开（绿色）按钮，点击手动加载，然后顺时针旋转手动加荷手轮，使柱塞上升，在试验试样接触前，对试验力清零（此时使力矩轮处在适当位置，不至于在上升过程中保险杠撞上保险柱）。当试验力（如设定值为 50 N 时，应手动加载到 30～40 N）接近设定值时，设定自动加载速度，选择自动加载使试验力加到设定值。当试验力达到设定值时，将自动加载速度改小，将摩擦力清零并挂上牵引线，再将力矩轮旋到适当位置。

（6）试验结束，等柱塞降下来之后，按下油缸升降关（红色）按钮，待温度降下来之后，用钳子取出试样分析数据，保存数据。

三、实验内容和步骤

（1）试件准备，试件若干个。

（2）量取试件尺寸或称其质量。

（3）试验机准备。在学习试验机构造原理基础上，结合具体机器认识主要部件及其作用。了解它的性能特点，并学习试验机的操作规程、安全事项和操作方法。

（4）安装试件。

（5）进行实验。

四、实验报告

（1）简述试验机原理及操作过程。

（2）测量出磨损量并计算摩擦系数。

五、思考题

金属材料的耐磨性与硬度之间的关系。

实验二十 金属合金熔炼及组织性能测试

一、实验目的

（1）熟悉金属合金熔炼方法。

（2）掌握微波冶金原理及合金熔炼方法。

二、实验原理

合金是由两种或两种以上的金属与非金属经一定方法合成的具有金属特性的物质。

一般通过熔合成均匀液体和凝固而得，这个过程叫做合金熔炼。根据组成元素的数目，可分为二元合金、三元合金和多元合金。中国是世界上最早研究和生产合金的国家之一，在商朝青铜工艺就已非常发达，公元前6世纪左右已锻打出锋利的剑。

（一）微波冶金

微波是一种冶金新技术，微波是指频率为300 MHz~300 GHz，即波长在1~1000 mm范围内的电磁波，位于电磁波谱的红外辐射（光波）和无线电波之间，属于高频电磁波。微波具有穿透、被吸收及反射特性，具体表现为：在一般条件下，微波可方便地穿透如玻璃、陶瓷、某些塑料等材料。

磁控管产生微波。磁控管是一种真空电子器件，分脉冲型和连续波型两种类型。脉冲型磁控管主要应用于雷达发射机；连续波型磁控管是一种把交流电源转变为微波能量的转换器件，是微波炉的心脏。对连续波型磁控管的频率稳定性要求不像脉冲型磁控管那样高，但对其效率的要求较高（一般百瓦级的效率应在60%～70%，千瓦级以上的效率应在80%以上），并且要求其过载能力强，即当微波介质种类、数量、体积及颗粒大小发生变化时，磁控管都能稳定工作。

磁控管的管芯主要由阴极、阳极和微波能输出（天线）三部分组成。磁路是由永久磁铁、轭铁、极靴组成，一般为筒装式结构，其作用是在管芯的互作用空间产生均匀轴向磁场。磁控管工作时，在阳极和阴极之间加上电压（对于2450 MHz的微波炉通常两极所加电压在4 kV左右），阴极受热而发射电子，这些电子受阳极与阴极之间电场力和轴向磁场力的共同作用，在谐振腔内形成高频振荡，产生高频电子流即微波，并由发射天线引至微波输出口，通过波导管传输到炉腔。由上述分析可见，阴极发射出的电子受到阳极高压吸引飞向阳极而获得外加电源的能量，通过磁场对运动电子的洛仑兹力以及阳极谐振腔的作用，电子与高频电场相互作用的结果，将电子所携带的外加电源能量转换为微波能量。

微波较早应用于冶金领域，1967年Ford和Pei就报道了在微波炉（800 W，2450 MHz）中辐照木炭和金属氧化物及硫化物进行金属的提取，其中一些化合物不到1 min就升到几百摄氏度的高温。在20世纪80年代初期Kruesi和Frahm的研究表明，微波加热能够促进氧化镍、氧化钴和氧化锰在浸出前的预还原以利于后续的浸出处理，能够促进硫化钼和硫化铼的焙烧或氯化。在1986年Worner证明，微波加热在黑色冶金和有色金属的火法冶金过程中都有广阔的应用前景，所有工业上使用的金属都可以用微波进行处理。近年来，微波在冶金中的应用逐渐发展为一种冶金新技术。

（二）微波冶金的特点

与传统加热比较微波加热有以下特点：

（1）选择性加热物料，升温速率快，加热效率高；

（2）微波能够同时促进吸热和放热反应，对化学反应具有催化作用；

（3）当用微波加热代替传统加热时，熔炼和其他高温化学反应可以在相对低的温度下进行，即微波加热具有降低化学反应温度的作用；

（4）微波可以使原子和分子发生高速振动，为化学反应创造出更为有利的热力学条件；

（5）微波很容易使极性液体加热，因而微波加热可以用来促进矿物在溶剂中的溶解，提高湿法冶金过程的浸出速率和降低过程的能耗；

（6）微波本身不产生任何气体，所需净化的只有还原或氧化反应产生的气体，因而有利于环境保护；

（7）易于实现自动控制。

（三）微波材料学工作站

Mobilelab系列微波材料学工作站（见图4-21），将材料的多种合成制备手段与分析测试方法集成于一体，将材料合成与处理中的微波催化效应发挥到极致。该工作站既可以用作高低温微波马弗炉、烧结炉、灰化炉、坩埚炉、真空与气氛管式炉、微波电弧炉、多温区加热炉等单独使用，又可以集成在同一个载体上作为一个工作站统一使用。

该工作站采用三种加热方式：纯微波加热、传统电加热（通过加热腔涂层吸收微波实现）、两者混合加热（功率可调）。

图 4-21　Mobilelab 微波材料学工作站

利用该微波材料学工作站能够进行各种新材料的合成制备、各种流体或溶液环境的催化合成、各类金属合金的熔炼与热处理、陶瓷烧结、粉末冶金，以及有机物和无机物的灰化、磺化、熔融、干燥、脱水、腊烧除、熔合以及灼烧残渣、烧失量等的测试，同时又可以对材料合成、反应和处理的动态过程进行原位动态分析、检测和视频观察。

Mobilelab Workstation 的主要技术参数：工作电压 220 V，功率 2 kW、4 kW 分档可调，其他功率需定做，微波频率 2450 MHz。

配置 3 种加热方式：（1）纯微波加热；（2）传统电加热（通过加热腔涂层吸收微波实现）；（3）微波与传统电加热混合加热。

样品要求：非易燃易爆的任何材料，包括金属材料。

温度测量与控制系统：触摸屏智能控制，控温精度：±1 ℃、1200 ℃以下/±2 ℃、1200 ℃以上。

测温：微波场专用温度传感器（高温热电偶 1600 ℃，低温热电偶 1200 ℃）。

升降温速度：可编程、分段控制。

（四）微波材料学工作站操作过程

微波材料学工作站进入界面，如图 4-22 所示。

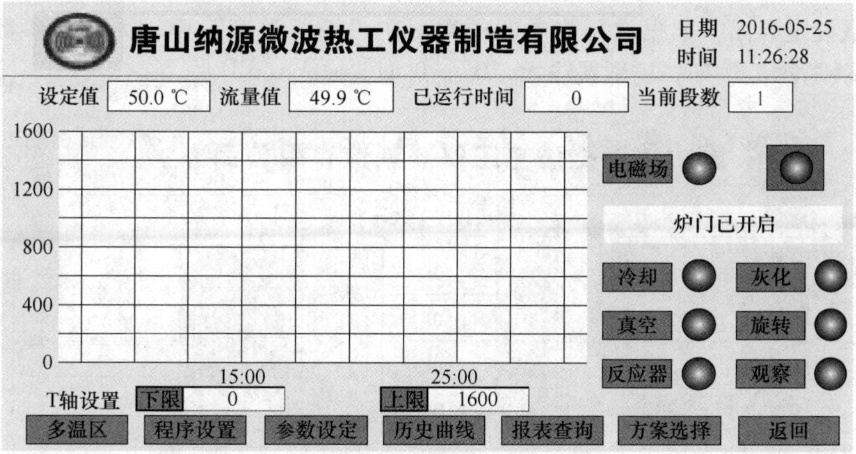

图 4-22　进入界面

步骤 1：点击“程序设置”，进入升降温程序设置界面，如图 4-23 所示。

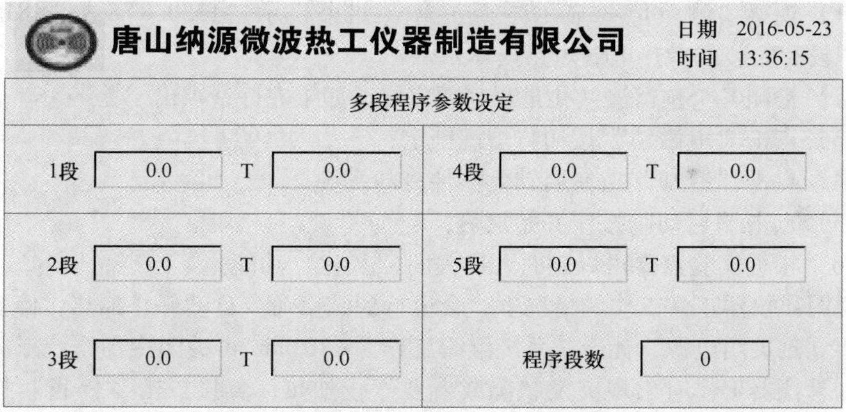

图 4-23　升降温程序设置

步骤 2：点击设定区的相应位置，根据相应的实验要求设定温度与时间，在设置的最后一温区的时间处输入“－121”结束命令。

步骤 3：升降温程序设定界面可设定 10 个程序段，如果第一页 5 个程序段不能满足使用需求，可以点击“下一页”按钮进入下一页继续设定；所需程序段设置完成后，系统将会自动保存（每次开机都会显示关机以前最后设定程序），如果仪器多人使用，也可以将长期使用的设定方案进行保存，使用时读取即可，不需要每次都重新设定。保存后的方案可以在“参数设定与操作控制”界面中的“方案选择”里找到并调取，一共可保存 16 个方案。

步骤4：返回到“参数设定与操作控制”界面，点击“参数设定”按钮，进入参数设定界面，根据选用热电偶的类型在“输入类型”中输入相应参数，如图4-24所示。例如，K型偶输入“0”，B型偶输入“6”。

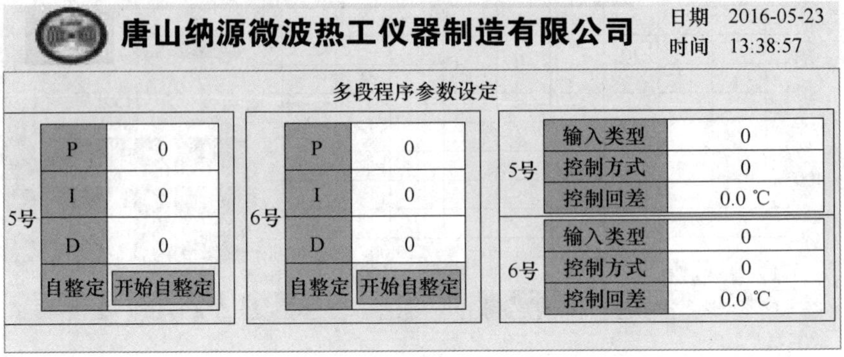

图4-24 参数设定与操作控制界面

步骤5：返回到“参数设定与操作控制”界面，按下列步骤启动加热：

（1）观察“测量值”显示是否正常（如果显示“1380.8”或“1818.3”，热电偶没有安装或者热电偶短路损坏）；

（2）检测各个预留法兰孔是否封闭完好，如果完好请点击“是”；

（3）点击“电磁锁”按钮将炉门锁定；

（4）点击“冷却”按钮启动元器件冷却系统；

（5）点击“启动”按钮开始加热；

（6）根据实验需要可以随时开启关闭“灰化”功能。

说明：仪器正常工作的情况下，会运行到结束命令自动停止加热，停止加热后不要立刻关闭电源，让冷却系统继续工作5～10 min再关闭冷却系统或关闭电源；如果仪器工作时出现突发状况或者要停止加热，直接点击“停止”按钮停止加热。

步骤6：在加热或保温过程中发现温度-时间曲线不平稳，显示波动比较大，可以通过曲线整定功能将曲线进行完善。

在“参数设定与操作控制”界面点击“参数设定”，进入参数设定界面后，找到要整定曲线所在的温区（单温区仪器默认温区为“1号”温区）。

点击“开始自整定”开始整定曲线，系统将自动整定曲线，整定完成后自动停止整定。

实验后，可将实验曲线查找与数据导出，步骤如下：

步骤1：在“参数设定与操作控制”界面点击“历史曲线”，点击“曲线显示区”任意一处，则会显示“当前曲线详信息”栏，如图4-25所示。

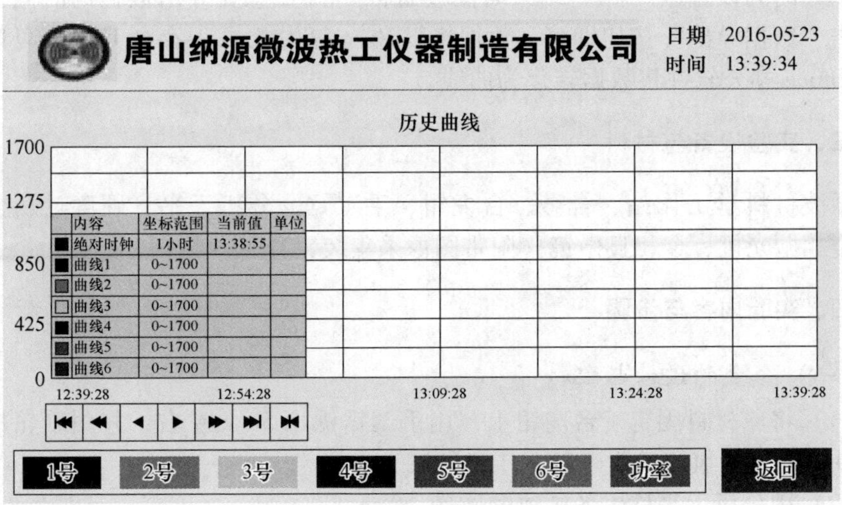

图 4-25　历史曲线

通过“前翻”按钮与“后翻”按钮翻看历史曲线，也可以通过“曲线开始时间设置”按钮查找要看的曲线信息。

步骤 2：在“参数设定与操作控制”界面点击“报表查询”，出现如图 4-26 中的界面。

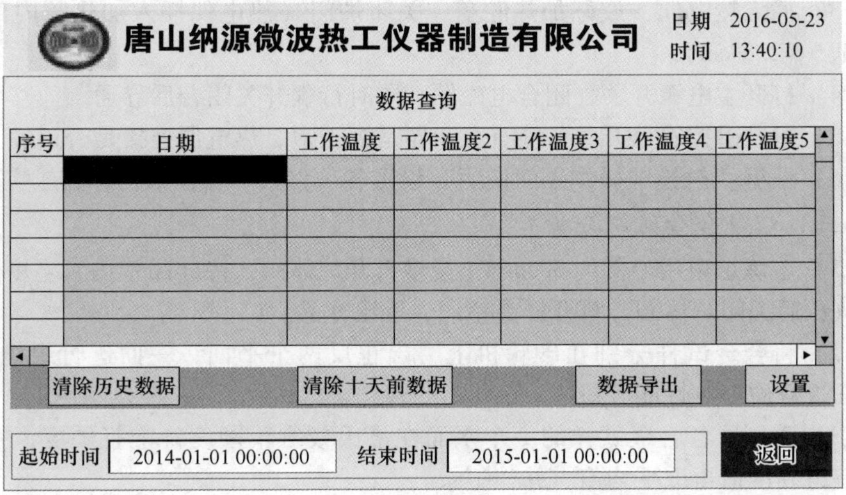

图 4-26　报表查询

可以通过“数据显示区”的滚动条翻看历史数据，也可以通过“设置”按钮设置准确时间来查找历史数据，具备数据导出功能，将 U 盘插入 USB 接口，在“起始时间设置区”和“结束时间设置区”设置想要导出数据的时间段，然后点击“数据导出”按钮即可。数据将以Excel表格形式保存到U盘，可以通过电脑Office办公软件将数据转化为曲线。

三、实验设备与材料

微波材料学工作站、合金、台虎钳、手工锯、分析天平、硬度计、金相砂纸、金相抛光机、金相显微镜（附带图像采集装置）。

四、实验内容与步骤

（一）合金的设计与配料

（1）将原材料固定于台虎钳上，用手工锯锯出50 g左右，并用砂轮机打磨掉纯铁试块上的氧化铁皮（要求干净彻底）。

（2）用分析天平称出各试块的质量。

（3）根据合金元素的具体要求以及原料中的质量比例，计算出熔炼过程中各个碳钢所需的精确配比。

（二）合金熔炼

（1）检查接线无误后方可通电。

（2）打开炉门，依次放入用于实验的加热腔、实验样品（加热腔与仪器上热电偶插入孔要对齐）。

（3）插入热电偶，放好加热腔盖，关闭炉门（热电偶插入加热腔内部的深度为1.5~2.5 cm）。

（4）打开主电源开关，闭合电磁锁，同时行程开关闭合后导通。

（5）打开磁控管分开关，检查显示器是否正常、热电偶连接是否正确。

（6）根据“触摸屏操作界面说明”设置各项参数、操作仪器，完成实验。

（三）熔炼合金组织分析

（1）熔炼结束后冷却约30 min，慢慢打开炉体阀，待样品室内真空度低于1个大气压后关闭炉体阀，打开样品室门，取出样品。

（2）将合金试样分别在砂轮机上磨出正反两个平面，一面进行组织分析，另一面进行硬度等性能分析。

（3）分别取各合金试样的一个平面在洛氏或维氏硬度计上打硬度，一个合金打三组硬度值再取平均值，并作记录。

（4）对合金试样一平面抛磨，进行金相组织观察与分析。

1）用金相砂纸磨平面，直到平面上无大的明显划痕；

2）在金相抛光机上对平面进行抛光；

3）冲洗掉合金平面上的抛光料；

4）用4%硝酸酒精溶液腐蚀金相试样平面（时间为几秒）；

5）腐蚀后迅速将金相试样平面冲洗干净；

6）试样用吹风机吹干后在金相显微镜下照金相照片（100×或400×照片），并保存照片。

注意事项：

（1）熔炼设备必须接地，在短路事件中，接地将减少电击伤的危险。设备配有地线和接地插头，插头必须插入固定接地装置的插孔。

（2）严禁在仪器内加热易燃、易爆、有毒的各类危险材料，纯微波加热腔内禁止加热金属、合金、石墨类及其他高导电类样品和材料。

（3）请勿乱动行程开关和电磁锁。为避免设备门开启时发生微波能量，Mobilelab 材料学工作站设有3道联动的安全开关：电磁锁、行程开关、微波发生开关 AirWare-7000。设备炉门开启时请勿触碰行程开关，否则可能会导致微波产生，给操作人员带来危险。

（4）严禁空载（无负载）或者负载很小的情况下使用该设备。

（5）在设备的不锈钢内胆附近，特别是靠近炉门的地方，绝对禁止放置加热腔或样品，使用过程中要确保不锈钢内胆和炉门内侧洁净。

（6）启动微波加热后，使用者不得离开现场，同时在不必要的情况下，依据安全原则，确保人体与该设备保持一定距离（如3 m以上）。

（7）设备不要放在任何靠近可以产生电磁感应干扰的设备旁。

（8）微波泄漏在法定的5 mW/cm^2 以上时设备报废；微波泄漏在1 mW/cm^2 以上时，应停止使用。通常微波泄漏量应控制在100～300 $\mu W/cm^2$ 以下。

（9）设备的电子显示功能如果出现异常，请停止使用。

（10）仪器处于受损状态下请勿使用。

五、思考题

（1）合金熔炼过程中，对合金制备质量影响较大的因素有哪些？

（2）与其他冶金相比，微波冶金的优缺点有哪些？

第五章　宏观组织检验及断口分析实验

实验二十一　钢的酸蚀检验

一、实验目的

（1）了解酸蚀检验的基本原理。
（2）掌握酸蚀检验的基本方法。

二、实验原理

（一）试样制备

1. 取样部位及数量

取样部位、试样大小及数量在有关标准中均有规定，也可按技术条件、供需协议的规定取样。如果取样部位无明确规定时，一般取横向试样，并且取样时应保证被检验面组织不因切取操作而产生变化。

2. 取样及加工变化

可用锯、剪、切、烧割、线切割等方法取样。不论采取何种取样方法，都应留出适当的加工余量，以免影响评定结果。试样观察面可用车、刨、磨或其他方法加工。观察面的加工粗糙度 *Ra* 不大于 1.6 μm，试样表面必须清洁、无油污，必要时可用汽油、苯或酒精等溶剂清洗。

（二）酸蚀检验的简单原理

酸蚀检验的腐蚀属于电化学腐蚀。由于被检验试样的表面存在着成分及组织上的不均匀性以及各种缺陷和物理状态上的差别，在电解质作用下，不同区域存在着不同的电极电位，组成了许多微电池，每一个微电池中电位高的区域为阳极，电位低的区域为阴极。在酸蚀过程中阳极部分被腐蚀，阴极部分不发生腐蚀。如果以盐酸为浸蚀液时，被检验面的金属发生的电化学反应如下。

阳极反应：　$Fe \longrightarrow Fe^{2+} + 2e^-$，　$Fe \longrightarrow Fe^{3+} + 3e^-$

阴极反应：　$HCl \longrightarrow H^+ + Cl^-$

电子由阳极流向阴极，阳极被腐蚀：

$$2H^+ + 2e^- \longrightarrow H_2\uparrow,\quad Fe + 2Cl^- \longrightarrow FeCl_2,\quad Fe^{3+} + 3Cl^- \longrightarrow FeCl_3$$

提高温度可加快对试样的腐蚀。外加一定电压，可使被检验面上各个微电池区域的电极电位改变，并使试样的腐蚀过程加快。检验面上的电流密度增大时，腐蚀亦会加速进行。

1. 热酸蚀检验

热酸蚀主要用于显示偏析、疏松、枝晶、白点等低倍组织及缺陷，酸蚀液的配制及酸蚀时间的长短可由低倍组织及缺陷的清晰显现决定。一般可参考表5-1选择合适的热酸蚀溶液。

表5-1　常用热酸蚀溶液

种类	溶液组成	适用对象	标准腐蚀条件
Ⅰ	1∶1（容积比）工业盐酸（密度1.19 kg/L）水溶液	碳钢、合金钢	溶液温度为70～80 ℃，试样在温水中预热时间为10～40 min
Ⅱ	盐酸10份，硝酸1份，水10份（容积比）	奥氏体型不锈钢、耐酸钢、耐热钢、铁素体型不锈钢及高电阻合金	溶液温度为60～70 ℃，试样在温水中预热时间达到显示目的为止

热酸蚀溶液操作过程如下：

（1）溶液的配制。按表5-1配制溶液，加热至规定的温度，然后将预热过的试样放入溶液。试样磨面或朝上或垂直于容器底面，酸蚀过程中应保持规定温度。

（2）酸蚀时间：参考表5-1选取有关数据。

（3）清洗。取出试样后用流动的沸水冲洗，同时用毛刷将试样表面的腐蚀产物刷掉，亦可用质量分数为3%～5%的碳酸钠水溶液或体积分数为10%～15%的硝酸水洗液刷洗，然后用冷水洗净、吹干以防生锈。

（4）若腐蚀过浅，可重新放在酸液中继续腐蚀：若腐蚀过深，必须将试样重新加工，将原腐蚀面去除1 mm以上，再重新腐蚀。

2. 冷酸蚀检验

冷酸蚀检验的目的与热酸蚀检验的相同，一般用于以下情况：

（1）工件过大，难以进行热酸蚀；

（2）工件已加工好，若进行热酸蚀将有损于工件表面粗糙度；

（3）工件经热处理硬化，具有较大内应力，若进行热酸蚀易产生开裂（有的组织和缺陷用热酸蚀不易显示）。

冷酸蚀试样表面粗糙度 Ra 须在0.8 μm以下。根据试样大小，厚薄分别采用浸蚀或擦蚀方法。擦蚀时将酸液缓慢倒在平放的被检验面上，然后用刷子将酸液搅匀，并陆续添加一些新的溶液，直到低倍组织清晰显示为止。

常用的冷酸蚀溶液见表5-2。

表 5-2 常用冷酸蚀溶液

序号	酸蚀液	操作特点	用途
1	2% HCl 水溶液	酸浸 15~20 s 后，在 5~8 倍放大镜下观察	显示碳钢及合金中非金属夹杂物。如果有马氏体存在，可得最佳效果
2	25 mL 硝酸，75 mL 水	用于大面积的冷酸蚀，例如不便加热的钢锭剖面等	显示偏析、疏松、枝晶、白点、裂纹、工具钢淬硬层等
	0.5~1 mL 硝酸，99~99.5 mL 水	试样在 240 号砂布上研磨，清洗后酸浸 30~60 s	显示焊接组织
3	5 mL 硝酸，95 mL 酒精	酸浸 5 min 后再用 10% 盐酸水溶液酸浸 1 s	显示纯净度、淬硬层深度、渗碳或脱碳层深度等
	10 mL 硝酸，9 mL 乙醇	—	测定渗氮层深度及感应加热淬硬层深度
4	10 g 结晶碘，20~30 g KI，100 mL 水	酸浸 5~10 s，酸浸沉淀物可用轻抛光去除	显示钢焊缝的宏观组织及轴承钢中化学成分不均匀性
5	38 mL 盐酸，12 mL 硫酸，50 mL 水	冷态下酸蚀 2~4 h，在通风橱内工作；如果在沸腾状态，只需 10~45 min	显示钢的一般宏观组织偏析、裂纹、淬硬层、软点、焊接组织
	10 mL 硝酸，20 mL 盐酸，10 mL 硫酸，60 mL 水	室温下酸蚀 5 min	显示钢的低倍缺陷，如夹杂、偏析、疏松等
6	(1) 2.5 g $(NH_4)_2S_2O_8$，100 mL 水；(2) 同 (1) 再加 1.5 g KI	用 320 号砂纸磨光后用溶液 (1) 擦蚀 15 min，然后用溶液 (2) 各擦蚀 5 min，最后用水冲洗，再用乙醇洗后吹干	显示铸铁的枝晶组织
7	10 mL $(NH_4)_2S_2O_8$，9 mL 水	酸浸时需用脱脂棉揩拭表面	显示含铝氮化钢的晶粒、焊缝、再结晶组织、流线等
8	2.5 g $CuCl_2$、10 g $HgCl_2$、5 mL 盐酸，用乙醇稀释至 250 mL	需先加尽可能少量的水，不使氯盐溶入盐酸中	显示富磷区域及磷化物带，适用于一般偏析检查
9	90 g $CuCl_2$，120 mL 盐酸，100 mL 水	酸浸后用水冲洗试样，去除铜沉积物，这样对比度好	显示冷变形流线
10	120 g $Cu(NH_3)_4Cl_2$，50 mL 盐酸，1000 mL 水	酸蚀后试样表面应轻微抛磨	显示钢中枝晶偏析

3. 常见的宏观组织和缺陷

在经过酸蚀的试样上，对所观察到的宏观（低倍）组织进行辨认和评定，可根据 GB 1979—1980 标准评级图片进行。该标准是指导性的，适用于各类钢。为帮助读者了解，下面列表简述常见低倍组织和缺陷的一些特征，见表 5-3。

表 5-3　钢中常见宏观组织和缺陷

序号	名称		形成原因	检查方法	宏观特征
1	偏析	方框形偏析（锭型偏析）	当钢锭由外部向心部以柱状晶形式进行凝固时，各种杂质也向中心移动。在冷凝至一定厚度时，温度降低使余下的液态金属的各部分同时形成核心，并以等轴方式结晶凝固，使杂质难以移动而逐步停下来形成方框形偏析	按 GB 1979—1980 进行检验和评级。一般根据方框带宽度和明显程度决定，方框大小作补充根据，某些合金钢锻坯试样由于变形使“方框形偏析”常呈“十”字状，评定时参照方框形偏析进行评定	在钢的横向试样上，经酸蚀后表现为腐蚀较深的一圈方框区域
		中心偏析	由于钢锭或铸件结晶的不均匀性导致钢锭或铸件一定区域的成分不均匀，心部区域偏析较多的非金属夹杂和气体	按 GB 1979—1980 进行检验和评级	出现在横向试样上的中心部位，呈形状不规则的黑色斑点
		点状偏析	由于钢中气体含量偏高，当使用未经良好烘烤的新砌钢包或在新炉中熔炼时，极易产生此种缺陷，在阴雨季节时亦易产生	按 GB 1979—1980 进行检验和评级，根据存在部位不同，分为一般点状和边缘点状。分布在整个截面上的称为一般点状，仅出现在边缘处的称为边缘点状。根据出现点的多少及严重程度对照标准评定级别	在横向断面试样上呈不同形状及大小分散的暗黑色斑点（有时呈规律状排列），在纵向断面上相当于暗色斑点处呈暗色条带。点状偏析严重时，往往伴随大量气泡出现
2	疏松	中心疏松	钢锭轴心区域的钢液最后凝固时，体积收缩，产生许多细小孔隙，同时钢液中的气体、夹杂物等向轴心区域聚集而形成	按 GB 1979—1980 进行检验和评级	在横向热酸蚀试样上的中心部分呈现聚集的黑色小点及孔隙
		中心疏松	钢液凝固时，气体析出后留下的孔隙、夹杂物的聚集及树枝状晶间偏析所形成	按 GB 1979—1980 进行检验和评级	在整个横向热酸蚀试样上呈现被腐蚀较深的黑色小点或不规则的小孔隙
3	缩孔残余		钢锭或铸件浇铸时，心部的液体由于最后冷凝时体积收缩未能得到补充，所以在铸件或钢锭头部形成宏观的孔穴	钢坯和钢材中缩孔检查按 GB 1979—1980 进行缩孔残余评级，级别主要按孔洞深度和大小而定	在横向酸蚀试样上缩孔位于中心部位，其附近一般也是偏析、夹杂和疏松密集存在的地方；有时在酸蚀前就能看到洞穴或缝隙，酸蚀后洞穴部位变暗，呈不规则折皱的孔洞

续表 5-3

序号	名　称		形 成 原 因	检 查 方 法	宏 观 特 征
4	气泡		钢液溶解大量的气体，在凝固过程中，溶解度随温度下降而降低，一部分气体将因金属凝固而不能自钢中逸出，留在钢中而成为气泡	按 GB 1979—1980 检验和评级。根据气泡在试样上的分布情况，将距边缘较近的气泡称为皮下气泡，其他统称为内部气泡	皮下气泡一般存在于皮下，但经热加工后，由于钢材表面氧化，则使气泡暴露于表面，形成沿加工方向的小裂纹
5	白点		一般认为主要是氢与组织应力的作用，钢中的偏析和夹杂物对产生白点亦有一定影响	用试样进行酸蚀检验，发现可疑现象不易确认时，应补作新口试验予以验证。取样部位：横向试样离钢材端部不应小于 1/2 直径；纵向试样应通过钢材的中心线。试样加工粗糙度 $\overset{3.2}{\bigtriangledown}$，酸蚀不要太深，以裂纹长短、条数来评定	一般集中在钢坯和锻件内部，在正常情况下，在离表面 20 ~ 30 mm 的表层中极少发现。在横向试样上呈细短裂缝，在纵向试样断口上则显示为粗晶状的银色亮斑
6	夹杂物	异性金属夹杂物	因冶炼操作不当，合金料未熔好，或浇铸系统中落入异性金属物所造成		异性金属夹杂物边缘清晰，颜色与周围显著不同的几何图形，有的在其边缘有密集的针孔，一些比较抗酸蚀的外来金属常形成颜色浅淡略显突起的斑块，极易与由偏析造成的白斑混浊
		外来非金属夹杂物（肉眼可见）	没有来得及上浮而被凝固在钢锭中的溶渣，或剥落到钢液中的炉衬和浇铸系统内壁的耐火材料	按 GB 1979—1980 检验和评级	呈不同色彩、各种形状的颗粒
		翻皮	钢锭在浇铸过程中，钢锭模内钢流冲破钢液表面的半凝固薄膜并将其卷入钢中而形成，在钢坯或钢材中翻皮可呈任何形状和大小存在	酸蚀后检验	在横向酸蚀试样上，一般是颜色和周围不同，形状不规则的弯曲狭长条带。其中，特别是周边部分，常有氧化物夹杂和气孔等存在
7	裂缝	轴心晶间裂纹	可能与凝固时的热应力有关，一般多出现于高合金钢中，以晶间裂缝形式出现在轴心部位而得名	按 GB 1979—1980 根据该缺陷存在的严重程度来评定	在酸蚀试样上呈现于轴心部位区域的蜘蛛网状裂纹
		发纹	钢中夹杂和气孔在加工变形时，沿变形方向延伸形成的细小裂纹	用酸蚀法或磁力探伤法，按 YB 47—1964 有关条文进行检验与评级，在酸蚀过程中，其腐蚀程度要比一般宏观检验试样浅些，时间也要短些	在塔形试样的各个阶梯上呈现与轴向平行的细小裂纹，可以是单一或集中、局部出现，有时甚至布满整个阶梯

三、实验内容

（1）铸锭的宏观组织观察。
（2）铸件的缩孔、疏松观察。

四、实验报告

（1）简述实验的目的和意义。
（2）简述铸锭的宏观组织观察的方法及特点。
（3）简述铸件的缩孔、疏松观察的方法及特点。

实验二十二　印痕法检验

一、实验目的

（1）了解印痕法检验的基本原理。
（2）掌握印痕法检验的基本方法。

二、实验原理

钢中的硫、磷是有害的杂质元素，对钢的性能影响较大。硫在钢中以硫化物存在时，钢中的硫化物虽可以微观检验及酸蚀检验，但这两种方法均有不足之处：微观检验可以确定硫化物、磷化物的类型，但检查视域小；酸蚀检验虽可显示夹杂物在钢材截面上的分布情况，但难以确定夹杂物类型，且个别夹杂物的分布情况无法准确确定，因此必须借助于印痕法。印痕法是用涂有试剂的相纸紧贴在试样表面上，使试剂和钢中的某一成分起作用在相纸上形成具有一定色彩斑点的检验方法。常用的印痕法有硫印法和磷印法两种。

（一）硫印法

（1）硫印法的原理如下：

$$MnS(\text{或 }FeS) + H_2SO_4 \longrightarrow MnSO_4(FeSO_4) + H_2S\uparrow$$

$$H_2S + 2AgBr \longrightarrow Ag_2S\downarrow + 2HBr$$

（2）操作过程。将溴化银相纸用2%~5%硫酸溶液浸泡2 min后取出，淋去多余的溶液，将其仔细地贴在试样表面上（试样表面粗糙度为0.8 μm），用手碾压赶出气泡，应注意印相纸不可移动，以免印痕模糊。放置3 min左右，将印相纸取下，定影、漂洗、上光即获得硫印照片，印相纸上出现的褐色斑点即为硫化物聚集处。

（二）磷印法

（1）原理。此法与硫印法相似，不同的是试样需先进行腐蚀，即采用含有焦亚硫酸钾（$K_2S_2O_3$）的饱和硫代硫酸钠（$Na_2S_2O_3$）溶液对试样进行腐蚀，然后将浸过盐酸溶液的相纸贴于试样表面，使其发生化学反应，在相纸上显示出彩色斑痕。

（2）操作过程。先将表面粗糙度为0.8 μm的试样表面用四氯化碳溶液清洗干净，再将试样置于加有1 g焦亚硫酸钾的50 mL饱和硫代硫酸钠溶液中腐蚀8～10 min，取出试样后水洗，用酒精冲洗后吹干，再将经3%盐酸溶液浸透过的相纸贴于试样表面上，其他操作与硫印法相同。此时相纸上较深的褐色斑痕处即为含磷低的区域，颜色较浅或白色区域即为磷偏析处。

三、实验内容

（1）45号钢硫印法检验硫化物的形状及分布。
（2）45号钢磷印法检验磷化物的形状及分布。

四、实验报告

（1）简述印痕法实验的目的及意义。
（2）简述硫印法、磷印法检验硫化物、磷化物的方法。
（3）简述硫化物、磷化物的形状及分布特点分析。

实验二十三　液体渗透着色法检验

一、实验目的

（1）了解液体渗透着色法检验的基本原理。
（2）掌握液体渗透着色法检验的基本方法。

二、实验原理

酸蚀法及印痕法为破坏性检验，一般均在被切的试样上进行，即需要破坏被检验的零件。在工业生产中往往要求对半成品乃至成品进行非破坏性的宏观检验，以了解在加工过程中是否产生了缺陷（如裂纹等）。对于这种缺陷的检查可采用无损检验方法，例如，用磁力探伤、超声探伤等，但这些检验均需一整套仪器设备，操作也较繁杂。采用液体渗透着色法则极为简便，几乎不需要什么专用设备，检验结果能直观明了地显示出清晰的缺陷形貌。因此，该方法在工业中近年来得到广泛应用，尤其是在失效分析及对半成品、成品检验中往往能提供重要信息。

（一）基本原理

利用不易被眼睛觉察的缺陷对液体的毛细管作用，使液体着色渗透剂渗入试样表面的开口缺陷中，通过显示，在日光下观察出缺陷的形貌。

（二）应用范围

可广泛应用于各种金属材料的铸、锻、焊接件及非金属材料中的陶瓷、塑料、玻璃制件等，凡开口缺陷（如裂纹、折叠、分层、疏松、未熔合等）均能清晰显示。对于电真空器件的缓慢漏气，高压密封情况下亦能达到良好效果。

（三）液体着色渗透剂的特点

液体着色渗透剂由渗透液、显示液、洗液和荧光液等组成。例如，SM-3R 型及 SM-3G 型的共同点为：3R 型系红色溶剂去除型，适用于表面粗糙度小的试样，灵敏度高，可以检测 1 μm 以下的缺陷；3G 型系绿色疏水性水洗型，适用于表面粗糙度大的试样，可以检测 3 ~ 6 μm 的缺陷，它由渗透液及显示液组成。渗透剂有一定黏度，不易流失，可在 5 ~ 50 ℃条件下使用，－25 ℃时不凝固，显示迅速，反差大，色泽鲜艳，不易褪色，试验重复性好。其中，SM-3R 型试剂一次渗透后，既可作颜色显示又可作荧光显示，便于相互验证；SM-3G 型试剂不溶于水，但可用水冲洗，渗透速度快（最长 1 min），对显示铸锻件、焊接件缺陷尤为优越。

（四）操作方法

1. 清洗被检验面

液体渗透着色是否成功，很大程度上取决于被检验工件的清洁程度，不允许表面存在铁锈、氧化铁皮及其他表面膜、水分及灰尘等。

2. 施加渗透液

用喷或涂敷方法将渗透液加到工件表面上，渗透时间 1 min。

3. 清洗多余的渗透液

用洗净液从 45°方向喷射，洗去未渗入缺陷中多余的渗透液，擦净、吹干。

4. 显示方法

（1）用 SM-3G 型渗透液时，对于清洗吹干后的试样表面，从 45°方向喷上均匀、分散的雾状显示液，缺陷立即显示。

（2）用 SM-3R 型渗透液时，一次渗透可作二次显示。一般情况下先作荧光显示，即用紫外线照射 10 min，被检验面在紫外线照射下呈深紫色。然后，用荧光显示液均匀地喷在纱布上，再用其涂擦工件表面成一薄膜层，在紫外线照射下即可显示出黄绿色缺陷形貌。荧光液反复多擦几次，形貌则越发清晰。

（3）当用荧光法发现缺陷后，立即用软纸或布将试样擦净，重复 SM-3G 显示操作，即可显示出红色缺陷形貌。

（4）上述显示方法均在低于 80 ℃下操作。

三、实验内容

T10 钢淬火裂纹的着色渗透显示。

四、实验报告

(1) 简述液体渗透着色法实验的目的及意义。
(2) 简述液体渗透着色法实验的基本过程。
(3) 分析裂纹产生的主要原因。

实验二十四 断口分析样品采集

一、实验目的

掌握金属材料断裂后断口分析试样的选择、清洗、保存的方法。

二、实验原理

(一) 断口试样的选择

在分析断裂构件时，必须从断裂构件中选取断口试样，这不仅是为了缩小检查范围，更重要的是为了选择最先开裂的断裂部位。另外，在取样时，尽量不要损伤断口表面，并应使断口保持干燥，防止污染。

断裂包括裂纹的萌生与扩展过程，断裂失效分析的目的在于找出裂纹形成部位、扩展方式及途径。如果断裂是由一条裂纹引起的，则根据断口宏观形貌，就能比较容易地判断裂纹源的位置及其裂纹扩展方向；如果断裂是由许多裂纹引起的，如压力容器崩裂或爆炸成许多碎块，则必须从中确定首先开裂的部位，找到该部位的断口。

一般说来，在构件上出现许多裂纹时，这些裂纹的形成在时间上是有先后的，确定裂纹形成的方法有很多，下面仅就常用的检验方法进行介绍。

1. 主裂纹的判别方法

构件断裂大多数是在运行过程中发生的，经常是一个构件断裂后，其碎片会击断或碰伤其他构件。如汽轮机组运行时，若一个叶片发生断裂，则断叶将会击断或碰伤其他叶片，造成大的断裂事故；又如构件上产生一条裂纹后，又会陆续引发几条二次裂纹。因此，在断裂失效分析中，必须进行主裂纹与二次裂纹的判别。

(1) T 形法。若在一个构件上产生了两条裂纹，并构成 T 形；或断裂成几个碎片，碎片合拢后构成 T 形裂纹，如图 5-1 所示。在通常情况下，可认为裂纹 A 为首先开裂的，这时 A 裂纹阻止 B 裂纹的扩展；换言之，在 B 裂纹的扩展受到 A 裂纹的阻止时，A 裂纹为主裂纹，B 裂纹为二次裂纹。裂纹扩展方向平行于 A 裂纹，裂源位置可能在 O′或 O 处。

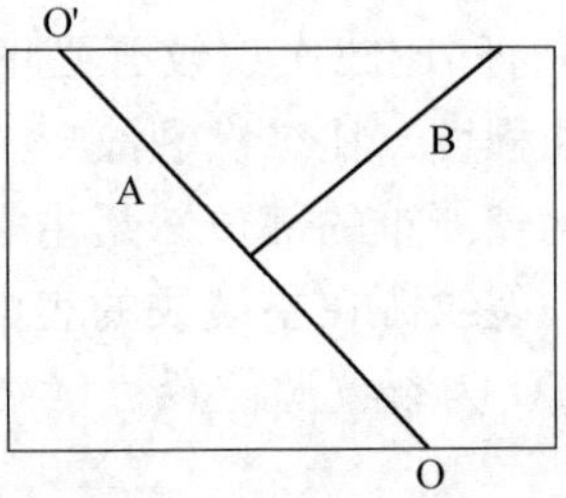

图 5-1 T 形法判别主裂纹示意图

（2）分叉法。构件在断裂过程中，往往在出现一条裂纹后，会产生很多分叉，如图 5-2 所示。一般情况下，裂纹分叉方向即裂纹的扩展方向，其反向则指向裂纹源的位置点，也就是说，分叉裂纹为二次裂纹，汇合裂纹为主裂纹。图 5-2 所示的 A 为主裂纹，B、C、D 为二次裂纹。

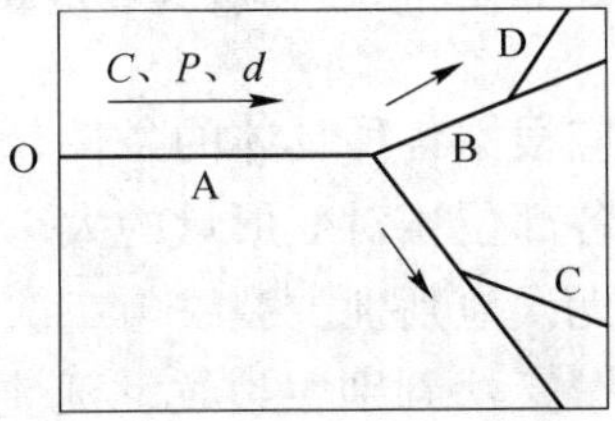

图 5-2 分叉法判别主裂纹示意图

（3）变形法。具有一定几何形状的构件，在断裂过程中发生变形并且断裂成几个碎块，如图 5-3 所示是一个圆环形的构件，在发生断裂时裂成 3 块。在判别主裂纹时，要将断片合拢，检查各个方向变形量的大小。变形量大的部位为主裂纹，其他部位为二次裂纹，裂纹源在主裂纹形成的断口上。图 5-3 中，A 为主裂纹，B、C 为二次裂纹。

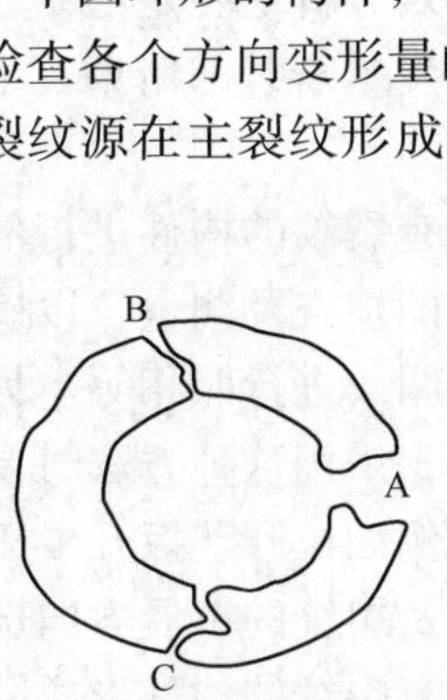

图 5-3 变形法判别主裂纹示意图

（4）氧化法。氧化法主要是利用金属或合金材料在环境介质中会发生氧化或腐蚀，并随着时间的增长而严重的现象判断裂纹扩展方向的方法。由于主裂纹（这里指表面的裂纹）开裂的时间比二次裂纹开裂的时间早，所以主裂纹扫过的截面，即断口上的氧化或腐蚀程度，比二次裂纹形成断口上的氧化或腐蚀程度严重。由此可见，氧化或腐蚀比较严重的部位，是主裂纹的部位；氧化或腐蚀比较轻的部位，是二次裂纹部位。裂纹源在主裂纹的表面处。图 5-4 所示的 A 为主裂纹部位，B 为二次裂纹部位，O 为裂纹源位置。

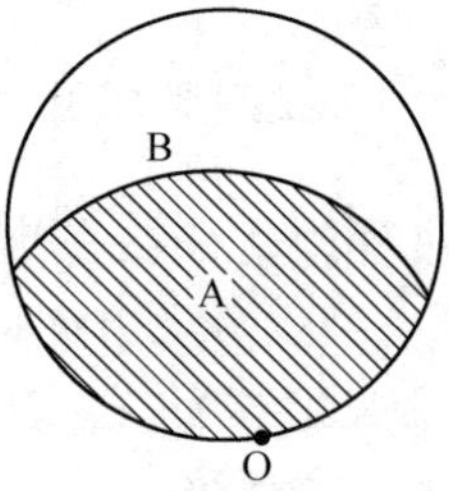

图 5-4　氧化法判别主裂纹示意图

对于实际的断裂事故，应根据各种具体的条件，如裂纹的扩展规律、断口形貌特征、断口表面的颜色、各部位相对变形量的大小、构件散落的部位及其分布等进行综合分析，才能准确无误地判别主裂纹与二次裂纹。一般来说，脆性断裂失效时，常常使用 T 形法和分叉法判别主裂纹，延性或韧性断裂失效时经常利用变形法判断主裂纹，环境断裂时常常使用氧化法判别主裂纹，疲劳断裂失效常常应用断口宏观形貌识别裂纹源位置及其裂纹扩展方向。

2. 断口试样的截取方法

对大多数开裂的构件，失效分析主要是依靠断口形貌特征进行分析。为了进行这种分析，必须使裂纹扩展发生断裂即所谓“打开”，才能对断口进行清洗和观察。

打开一个裂纹常常要求对有裂纹的构件进行部分破坏。对于这种情况，在打开裂纹之前应对构件进行必要的检查及测量，以确定部件的形态，常用的方法是对构件的开裂部位画出轮廓草图或进行照相等。另外，也可用复印方法，将构件裂纹区域的表面形态刻印下来，采用这种方法时要注意复印材料的选择。

打开裂纹的方法有很多，例如拉开、扳开、压开等。但是，无论是哪一种方法，都必须根据裂纹源的位置及裂纹的扩展方向选择受力点。一般情况下，都是垂直裂纹扩展方向加力，使带有裂纹的构件形成断口。

若失效构件在宏观外形上无法确定裂纹源或裂纹扩展方向，可采用刨削、车削等方法打开裂纹。刨削或车削要在裂纹的背后进行，并随时监视进刀深度，就能准确发现裂纹前缘。如果加工方法或程序不合适，往往会损坏断口形貌，不能获得完好的断口试样。

在断裂失效分析时，经常遇到较大的断口试样，例如船用柴油机曲轴断口、轧钢机轧辊断口等。如果进行扫描电镜观察或进行透射电镜观察，都必须将大块的构件断口切割成小块试样，常用的切割方法有火焰切割、锯割、砂轮片切割、线切割、电火花切割等。在应用这些方法时，应注意不能使断口试样的显微组织及断口形貌特征发生变化，切口与被观察部位间要留有一定的距离。在选择切割用冷却剂时，注意不能使冷却剂腐蚀断口表面。另外，除了防止热损伤或化学腐蚀外，还必须注意防止机械损伤。

3. 二次裂纹

在金属材料的内部或表面存在的不连续空间部分称之为裂纹，二次裂纹是指初始裂纹或主裂纹形成之后所产生的裂纹。从时间上来看，二次裂纹形成的时间迟于主裂纹的形成时间，它们之间没有严格的界线，只是相对而言。广义地讲，主裂纹只有一个，而以后产生的裂纹，均称之为二次裂纹。二次裂纹从形成机理上可以理解为由于裂纹的形成或扩展不是在一个平面内而引起的。二次裂纹基本上有下列三种类型。

(1) 分叉或分支的二次裂纹。它是主裂纹在扩展过程中形成的，与主裂纹相连接。

(2) 横向二次裂纹。它可能与主裂纹相通，也可能与主裂纹不相通；相通的二次裂纹的扩展受到主裂纹的阻止，这种二次裂纹均垂直于主裂纹。

(3) 独立的二次裂纹。它与主裂纹不相通，这种二次裂纹的萌芽与扩展均是独立进行的，其裂纹走向往往与主裂纹平行；裂纹的萌芽及其扩展机理基本上与主裂纹相近。

在断裂失效分析中，通常是在主裂纹碎片上选择断口试样进行分析。但是，有时主裂纹断口受到严重的机械擦伤或化学腐蚀时，只能检查及研究二次裂纹断口试样。另外，在高温条件下，主裂纹断口表面氧化或腐蚀较严重，断口表面被较致密的氧化膜覆盖，很难进行断口形貌特征分析，所以也只能分析二次裂纹断口，因为它的氧化或腐蚀轻些。在分析研究断口形貌细节时，亦需要采用二次裂纹断口试样。因为在二次裂纹断口上，常常保存有断口形貌的精细结构，它受到机械擦伤的影响比较少。二次裂纹可用来分析断裂机理、断裂过程及断裂影响因素等。

(二) 断口试样的清洗

在进行断口观察，尤其是电子显微镜观察时，其中最主要的是断口表面的状态。在一般情况下，断口表面均受不同程度的化学和机械的损伤，其中化学损伤更为严重。因此，需要对断口试样进行清洗，除掉断口表面上的灰尘、污垢及腐蚀产物，否则很难观察到真实的断口形貌特征。

1. 清洗前的检查

失效过程中的全部残片在进行清洗之前，都应经过充分的外观检查、拍照、绘制草图等，检查的表面可能受到积垢（例如，油脂、腐蚀产物、氧化物等）的污染。对于这些积垢应进行仔细检查分析，可从中获得有关断裂失效的重要信息，经常能为判别失效的原因或确定失效分析程度等提供有力证据。例如，在断口表面的某个部位上发现有油漆痕迹，这可能表明在失效之前，构件表面已经存在着裂纹，使表面油漆进入裂纹中。

外观检查应从肉眼观察开始，要特别注意对断口表面和裂纹轨迹的检查。构件的初步检查应尽量彻底、认真，切不可马虎。

另外，在清洗之前要注意对断口表面上附着的积垢物的分析研究。通常，化学损伤是由于环境介质引起的，它主要是水和氧气的影响。

为了弄清断口上的腐蚀产物对断裂失效的影响，必须分析腐蚀产物的性质及结构。尤其是环境介质断裂失效分析，对腐蚀产物的分析研究更为重要，是因为断口表面腐蚀产物可以直接提供断裂环境的影响情况。例如，氢脆断裂，往往在断口上富积了氢离子，因此在清洗断口之前，必须分析氢离子浓度及其分布情况。又如应力腐蚀断口也是如此，若是在氯离子环境中发生断裂失效，其断口表面会有氯离子富积现象。

对断口表面上富积的微量或痕量元素分析，常常应用俄歇电子能谱仪、离子探针等表面分析仪器。但是，如果腐蚀产物用复型萃取下来，也可应用电子衍射或电子探针等方法进行分析研究。

2. 断口试样的清洗方法

清除断口表面积垢或油脂等附着物的方法有气球吹洗法、毛刷刷洗法、物理复型法、化学试剂清洗法、超声清洗法、电解清洗法等，其中最常用的是毛刷刷洗法和物理（或空白）复型法。在使用硬毛刷刷洗时，要与有机清洗试剂一起使用，如用非金属毛刷蘸石油溶剂进行清洗。洗涤断口表面常用的化学试剂见表5-4。

表5-4 清洗各种金属断口试样常用试剂

金属材料	试剂的种类	避免使用的试剂
铸铁、碳钢、合金钢、铝、镁及其合金	有机试剂或1%碱溶液有机试剂，有机试剂或肥皂水	酸、水苛性碱溶液、氨水

根据断口腐蚀程度不同，可将断口试样浸泡在化学试剂（这里指的是有机试剂，如丙酮、三氯乙烯等）中10～15 min，并根据具体情况选用软毛刷刷洗或用较弱的超声波清洗，以促进反应，取得快速除掉积垢的效果。

所有的酸性溶液都会迅速腐蚀钢件，故断口表面除锈时应小心。有时根本不允许采用这种方法，而用电解除锈方法。但是，应注意使断口试样为阴极，以保证在断口表面锈层清除后，完全不受腐蚀。

在一般情况下，电解清洗法均采用中性或弱碱性溶液，尽量少用酸性溶液；若断口表面生成较致密的氧化层或形成高温氧化膜时，可采用酸性电解液进行阴极清洗或者使用酸性溶液化学清洗。

下面介绍几种常用的电解清洗剂及化学试剂的配方。

（1）采用 NaCl 500 g、NaOH 500 g、H_2O 5000 mL 配制的电解液，电流为 4 A，电压约 15 V，用不锈钢板做阳极，进行阴极电解清洗。使用时应注意对电解时间的控制。

（2）采用 NaCN 6 g、Na_2SO_3 6 g、H_2O 100 mL 配制的电解液，用不锈钢板做阳极。这种电解液不仅可除掉锈层，而且不会出现过度酸蚀作用。即使是在裂纹内部有一层高温形成氧化物的困难条件下，仍可有效地清除掉。值得注意的是，这种电解液毒性较大，要求使用的电流强度与除锈面积成正比，除锈的时间要掌握适当。此外，还要处理好废电解液，防止污染环境。

（3）采用 Na_2CO_3 30 g、Na_2SiO_3 20 g、Na_3PO_4 20 g、NaOH 10 g、H_2O 1000 mL 及少量的表面活性剂水溶液配制电解液。在室温下，电流密度为 2 ~ 5 A/cm^2，用不锈钢板做阳极，电解时间要控制在 1 ~ 5 min 范围内，可清洗掉断口表面上锈层等物。

（4）HCl 520 mL，H_2O 480 mL，再加入适当缓蚀剂，如乌洛托平等。将待除锈的断口试样放在常温条件下浸泡，最好与超声波清洗器联合使用，其效果更理想。当构件断口较大，不能放入超声波清洗槽内时，可将上述化学清洗剂用软毛刷轻轻刷洗断口表面，再用空白复型清洗，这样交替多次清洗，可达到除掉致密氧化层或高温下形成氧化膜的目的。

经过化学或电化学方法清洗，可将较厚的氧化膜除掉，但只能识别这个断口是脆性断裂还是韧性断裂；对断口上较精细的结构，例如，疲劳过程中产生的显微断裂特征之一——疲劳条纹可能还看不清楚，仅呈现出模糊状或断续状的条纹。这时，只有使用化学有机试剂和多次物理（空白）方能奏效。

（三）断口试样的保存

由于断口表面忠实地记录了断裂全过程，因此对断口表面必须保护得非常完好，在取样及存放过程中，严防损伤断口表面的任何原始状态，尤其是在断口初检及清洗时，不能随意用手去摸弄断口表面，或者是将两个匹配断面对接碰撞，以免断口表面产生人为的损伤。在整个断口分析的过程中，要十分注意对断口试样的保存。

1. 断口试样保存方法简介

为了防止断口表面生锈或腐蚀现象发生，可在断口表面涂抹一层极易溶去且不腐蚀试样的保护材料，例如，防锈漆、环氧树脂、醋酸纤维丙酮溶液等；也可将清洗完毕的试样浸泡在无水酒精中，或放入干燥器里；还可将试样浸入机油中浸渍保存，用这种方法时要注意防止机油对断口表面的腐蚀，这种方法只有在不得已的情况下才采用。还可用塑料袋存放断口，这是临时使用的简易方法。

目前，经常采用含醋酸纤维质量分数为7%~8%的丙酮溶液，使用时将它倒在断口表面，并使溶液均匀分布，晾干后即可。另外，还可采用三氯乙烯容易清洗掉的透明胶做断口表面的保护材料。

2. 断口试样保存的注意事项

（1）断口要保持干燥。断口试样在选取、清洗及传递过程中应避免受潮，禁止用水洗涤断口表面。对于沾染了腐蚀介质（如海水等）的断口试样需要彻底清洗，用水洗后，立即用丙酮或酒精溶液漂洗，干燥后放入干燥器中存放。

（2）断口表面严防机械擦伤。构件断裂失效大多数是在运行过程中发生的，不可避免地在断口表面产生不同程度的机械损伤，这是事先无法防止的。但是，在断口取样、制备电镜试样等过程中要严防发生人为机械擦伤，特别要注意不得使两个匹配面相互咬合或碰撞。

（3）断口表面不能用酸性溶液清洗。用酸性溶液清洗断口表面，不仅会使断口形貌失真，而且还会在断口上显示出材料的显微组织形态，或过腐蚀的痕迹等假象，这样将严重地影响断口分析的准确性，使断裂原因分析更加复杂化。

只有在为了显示断口形貌特征与材料的显微组织形态之间的对应关系时，或者是为了除掉较厚的氧化膜时才能用酸性溶液清洗断口表面。除此之外，绝对避免使用酸性溶液接触断口表面。

三、实验内容

汽轮机叶片断口分析样品的采集。

四、实验报告

（1）简述断口分析实验目的及意义。

（2）简述汽轮机叶片断口分析样品的采集方法。

实验二十五　宏观断口分析

一、实验目的

（1）掌握不同类型断口的形貌特征。

（2）掌握裂纹源位置及裂纹扩展方向的判别方法。

二、实验原理

（一）断口的形貌特征

按断裂机理对断口进行分类，断口形貌有以下几类。

1. 韧性断口

韧性断口的宏观形貌特征呈纤维状和剪切唇状。

（1）纤维状形貌特征。纤维状形貌是韧性断口最突出的标记，纤维区在光滑圆形拉伸试样断口的中央部位，一般情况下，呈现凹凸不平的宏观外貌。纤维状形貌特征不仅在拉伸断口中出现，也在冲击断口中出现。通常，冲击断口在缺口处呈现半圆形区域；对于塑性较好的材料，往往在冲击断口出现两个纤维区。

（2）剪切唇形貌特征。剪切唇为倾斜断裂面，一般情况下，剪切唇与拉伸轴成45°角。剪切唇形貌较光滑，与鹅毛状近似，往往在断口的边缘出现，是构件断裂最后分离的部位。

2. 解理断口

解理断口为脆性断口，断裂时不产生或产生较小的宏观塑性变形。解理断口的两个最突出的宏观特征是小刻面和人字条纹（或放射条纹）。

（1）小刻面。解理断口上结晶面在宏观上呈无规则取向，当断口在强光下转动时，可见到闪闪发光特征。一般称这些发光的小平面为“小刻面”，即解理断口是由许多“小刻面”组成的。根据这个宏观形貌特征，很容易判别解理断口。

（2）人字条纹或放射条纹。解理断口的另一个宏观形貌特征是具有人字条纹或放射条纹，人字条纹指向裂纹源，其反向即倒“入”字裂纹方向为裂纹的扩展方向。因此，可根据人字条纹的取向很容易判断裂纹扩展方向及裂纹源的位置。放射条纹的收敛处为裂纹源，其放射方向为裂纹的扩展方向。另外，其他断口也可能出现放射条纹或人字条纹形貌。

3. 疲劳断口

疲劳断口由平滑的疲劳断裂区和凸凹不平的最终断裂区组成。其中，一个区域的“晶粒”比较细小，有时呈现一种发亮的研磨面；另一个区域在韧性金属中为纤维状，而在脆性金属中则为粗糙的结晶状。疲劳断裂区是疲劳裂纹渐进式扩展，即缓慢扩展形成的，而最终断裂区则是裂纹快速扩展（即静载断裂区）在一个或几个载荷循环内使零部件完全断裂而形成的，疲劳断口的这两个区域可以从宏观上明显地看出。

下面仅就这两个区域以及疲劳断口上最突出的宏观标记介绍其宏观形貌特征。

（1）平滑区。严格地讲，疲劳的平滑区包括疲劳裂纹的萌生及扩展两部分。

但在一般情况下遇到的疲劳断口上，疲劳萌生部分不太明显，区域较小（0.1 ~ 0.25 mm 范围），宏观上不易分辨出来。这里的小区域仅指疲劳裂纹的稳定扩展区域。

1）疲劳裂纹扩展方向。平滑区是裂纹缓慢扩展形成的，通常呈脆性外观。裂纹扩展方向与最大拉应力方向垂直，在平滑区中用肉眼或放大镜观察时可以观察到“年轮”条纹或称为贝壳状、海滩状等宏观标记。年轮线与裂纹方向垂直，根据“年轮”条纹的变化可以判别裂纹的扩展方向及裂纹源位置。有时在疲劳断口的平滑区上，分布着很多疲劳台阶或放射条纹，它们指引的方向均表示裂纹的扩展方向。

2）磨光标记。由于机械零部件的疲劳断口常常是在运行过程中形成的，因此两个断面在运行过程中相互摩擦很严重，往往在平滑区中出现磨光的宏观特征。特别是在裂纹源附近，其磨光的程度更为突出。

3）疲劳扩展区的颜色。与最终断裂区相比，疲劳裂纹扩展区形成时所需的时间比最终断裂区的长，加之疲劳裂纹源常常在表面或次表面形成，因此疲劳裂纹扩展区常与外界相通。断口表面受到空气、水、水蒸气及其他介质的氧化或腐蚀，以致断口常呈现黑色或褐色。

有时疲劳裂纹扩展区无明显颜色，这表示裂纹与外界相隔绝，空气、水等介质未能进入裂纹腔体，这时的疲劳源常在表面之下。

4）疲劳台阶。在多源疲劳断裂中，各个裂纹源不在同一个平面上。随着裂纹的扩展，裂纹连接时在不同平面间的连接处形成台阶、折纹等标记。台阶越多，表示材料所受的应力或应力集中越大，疲劳源的数目越多。裂纹源附近的疲劳台阶通常称为一次疲劳台阶，其他的称为二次疲劳台阶。

5）棘轮标记。对于一类轴类零件，多源疲劳断口的台阶常构成“棘轮”标记，它表示所受的应力或应力集中较大。

（2）“年轮”条纹。疲劳“年轮”，又称为贝壳状或海滩状条纹，它是疲劳断口最突出的宏观形貌特征。如果在宏观断口上观察到“年轮”条纹，就可判断此为疲劳断口。

1）“年轮”的产生。“年轮”表示裂纹前沿在间歇扩展时的依次位置，它是机器在启动、停止或负荷变动较大时造成的。“年轮”条纹间尺寸较大，用肉眼或放大镜就可以看到。在实验室试验的试样中，往往不出现或很少出现这种宏观条纹，因为此时在裂纹扩展过程中并无大的干扰存在。

2）“年轮”的形状。若“年轮”条纹绕着裂纹源呈向外凸起的同心圆状，表示材料对缺口不敏感，例如低碳钢；相反，若围绕裂纹源呈凹杯状时，则表示材料对缺口敏感，例如高碳钢。“年轮”之所以形成凸状或凹状，是由于疲劳裂纹在材料的外缘部分和材料内部的扩展速率不相同。例如，对缺口敏感的材料裂纹沿外缘的扩展速率比内部的大，故“年轮”呈现凹杯状，如图 5-5(a) 所示；对于缺口不敏感的材料，外缘的扩展速率比内部小，故“年轮”围绕裂纹源呈现同心圆状，如图 5-5(b) 所示。

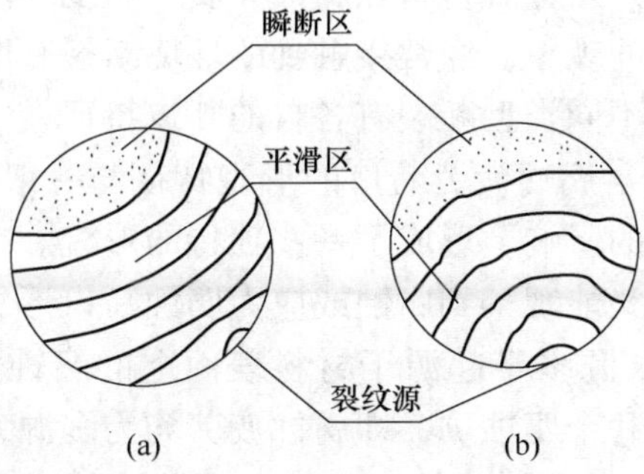

图 5-5　疲劳“年轮”形状与材料缺口敏感性的关系示意图
(a) 缺口敏感的材料；(b) 缺口不敏感的材料

此外，材料的热处理状态、受力状态、晶粒大小及环境介质等，对疲劳裂纹扩展速率有一定影响。

3)“年轮”的变化。若“年轮”的间距是规则的，则表示所受应力的变化是规则的；若“年轮”的间距不规则，则表示所受应力的变化也不规则。“年轮”间距较小时，表明材料较韧，疲劳裂纹扩展速率较缓慢。“年轮”在软的材料中容易出现，在硬的材料中则不大容易出现。

另外，应力状态也会改变“年轮”的形态。例如，拉-压疲劳，疲劳源及“年轮”仅在一侧产生及发展；在反复弯曲应力作用下的疲劳断裂，其疲劳源及“年轮”可能在两侧产生及发展。

(3) 最终断裂区。它是由疲劳裂纹扩展到一定程度，使截面缩小，材料强度不够引起的瞬时超载断裂造成的。它具有裂纹快速断裂的特征，断口形貌凸凹程度较大，这个区域有时称为瞬时断裂区，简称为瞬断区或静断区。

1) 瞬断区的大小。疲劳断口的瞬断区由纤维状、剪切唇及放射状三个部分组成，瞬断区的大小取决于载荷的大小、材料的优劣、环境介质等因素。在通常情况下，瞬断区面积较大表示所受载荷较大或材料较脆；相反，瞬断区面积较小则表示载荷较小或材料较韧。

2) 瞬断区的位置。瞬断区的位置越处于断面中心部位，表示所受外力越大；瞬断区的位置处于自由表面时，表示构件所受外力较小。此外，还与应力状态有关。

3) 瞬断区的形貌特征。疲劳裂纹的瞬断区处于疲劳裂纹的失稳断裂阶段，瞬断区的形貌特征在通常情况下具有断口三要素的全部形貌特征。不过，有时断裂条件发生变化，断口三要素也要发生变化，可能只出现一种或两种形貌特征，尤其是应力状态对瞬断区形貌的影响更为显著。

4. 环境介质断裂

环境介质断裂主要是指金属材料在腐蚀介质、温度环境等条件的影响下，产生沿晶或穿晶脆性断裂的现象。经常接触到的环境断裂有腐蚀疲劳断裂、应力腐蚀断裂、氢脆断裂等，不同类型断裂有各自的断口特征。

（1）腐蚀疲劳断口。腐蚀疲劳断口的形貌特征与一般疲劳断口形貌相类似，不同的是由于腐蚀环境的影响，形成了一些独特的形貌。在断口上既能观察到疲劳断口形貌特征，同时又能观察到腐蚀或应力腐蚀断口形貌特征。

1）腐蚀疲劳的裂纹源多半起源于材料表面上的腐蚀坑或表面的缺陷部位，在裂纹源附近可能存在几个腐蚀坑，即腐蚀疲劳均为多源疲劳。

2）腐蚀疲劳断口的二次裂纹较多，且在腐蚀坑的底部看到较集中的二次裂纹的分布情况。

3）腐蚀疲劳断口有沿晶断裂，也有穿晶断裂或混合断裂的形貌。

4）腐蚀疲劳断口由于受介质的影响，条纹会被腐蚀溶解，因此断口的条纹呈现模糊状。

（2）应力腐蚀断口。应力腐蚀断裂是在一定的腐蚀环境和一定的拉应力作用下，引起的早期脆性断裂，其断口称为应力腐蚀断口。

应力腐蚀裂纹源常常发生于金属材料的表面，这是由于化学作用往往使裂纹源处形成腐蚀坑。在一般情况下，应力腐蚀裂纹源经常是多源的，这些裂纹在扩展的过程中发生合并，形成台阶或放射状条纹。裂纹的扩展部分具有明显的放射条纹，其汇聚处为裂纹源，其放射方向为裂纹的扩展方向。

（3）氢脆断口。材料中由于含氢较高而引起的断裂称为氢脆断裂，其断口称为氢脆断口。氢脆断裂方式可能是穿晶的，也可能是沿晶的。氢脆本身不是一种独立的断裂机制，氢的存在往往有助于某种机制的断裂，如氢引起的解理断裂及晶界断裂等。

（二）裂纹源位置及裂纹扩展方向的判别

在断口分析或失效分析中，必须掌握判别裂纹位置及裂纹扩展方向的方法。这个方面的内容比较多，在这里仅对通过断口的宏观形貌特性来判别裂纹源位置及裂纹扩展方向的方法进行简述。

1. 裂纹源位置的判别

裂纹萌生的位置通常称为裂纹源。一般说来，由于所用的检验方法不同，裂纹源大小的含义也不相同。在工程技术中，通常指用肉眼或放大镜能够观察到的尺寸为裂纹源的大小，一般为 1/100 in 或 0. 25 mm。

机械零件断裂时，裂纹源往往在表面或次表面或应力集中处萌生，如尖角、油孔等。各种不同情况下的裂纹源可判断如下：

（1）放射条纹或人字条纹的收敛处为裂纹源；

（2）纤维状区域中心处为裂纹源；

（3）裂纹源处无剪切唇形貌特征；

（4）裂纹源位于断口的平坦区域；

（5）疲劳前沿线或“年轮”条纹线曲率半径最小处为裂纹源；

（6）环境断裂的机械零部件的裂纹源位于腐蚀或氧化最严重的表面处。

2. 裂纹扩展方向的判别

在断裂分析中，当裂纹源位置确定后，裂纹的宏观扩展方向亦可随之确定，即指向裂纹源的相反方向为裂纹宏观扩展方向。不同情况下的裂纹扩展方向有：

（1）由纤维状区域到剪切唇区域的方向为裂纹的宏观扩展方向；

（2）放射条纹的发散方向为裂纹的宏观扩展方向；

（3）与疲劳前沿线或“年轮”条纹线相垂直的方向为裂纹的宏观扩展方向；

（4）在疲劳断口中，疲劳宏观台阶的方向为裂纹扩展方向；

（5）在环境断裂分析中，腐蚀或氧化严重区域指向未腐蚀或氧化区域的方向为裂纹的宏观扩展方向。

三、实验内容

（1）不同类型断裂试样断口特征分析。

（2）不同类型断裂试样裂纹源和裂纹扩展方向的判别。

四、实验报告

（1）简述宏观断口分析实验目的及意义。

（2）分析试样的断口类型。

（3）分析试样裂纹源和裂纹扩展方向。

实验二十六　显微断口分析

一、实验目的

（1）了解显微断口的分析方法。

（2）掌握断口显微形貌特征与显微组织的关系。

二、实验原理

（一）显微断口分析方法

现代电子显微技术的进步促进了断口分析技术的发展，从而形成了显微断口分析技术（或称为显微断口分析方法）。

断口的高倍观察（即显微观察）基本上是用电子显微镜实现的。用透射电子显微镜（简称“透射电镜”）研究断口时，必须掌握断口的复型技术，因为透射电镜不能直接观察断口试样。应用透射电镜观察复型时的分辨本领受到复型技术的限制，一般均低于仪器本身的分辨能力，在 5 ~ 15 nm。使用透射电镜观察断口试样时，经常使用的倍率为 2000 × ~ 3000 × 。

由于透射电镜采用复型技术分析断口形貌时，很难将所观察到的部位与实际断口试样上的位置或方向一一对应起来，给分析带来很大的困难。再者，由于铜网的网格占去了很大的面积，断口被观察到的范围很窄，因此，目前广泛采用扫描电子显微镜（简称“扫描电镜”）分析断口的形貌特征。

在断口分析中，使用扫描电镜研究断口试样上同一部位时，可以由数倍到数万倍连续观察，能弥补金相显微镜与透射电镜之间存在放大倍数方面的差距。当聚焦深度与透射电镜相同时，其分辨能力为 10 ~ 30 nm；另外，从电子图像成像质量及清晰度来看，扫描电镜达不到透射电镜的水平。然而，扫描电镜可以省掉复杂的复型技术，直接观察断口实物，但所观察的断口试样，其尺寸是有限的，所以，必须将其断口切割成适当的尺寸。若不允许切割，则可用醋酸纤维膜复型后再喷上碳或金属，然后放在扫描电镜中观察。

由此可见，透射电镜与扫描电镜是进行断口分析的主要工具，但各有优缺点，目前的电子显微断口学就是以这两种电子显微镜为基础建立起来的。

用非晶体材料将断口等物体的凸起物复制下来的薄膜称为复型，用这种薄膜研究物体表面形态的方法称为复型技术。一般采用塑料及真空蒸发沉积的碳做复型材料，在断口分析中通常使用的是一次复型和二次复型。

利用复型技术观察断口时应注意识别各种假象，在复型上出现的假象多半是在复型制备过程中产生的。尤其是对断口表面清洗不干净时，最容易产生假象。在断口上一些积垢或油污等物被复型粘取下来，或者是它们的痕迹或轮廓被复印下来，就会形成与断口显微形貌特征无关的假象，从而掩盖断口的真实形貌特征。另外，复型技术拙劣或不当也可产生假象，断口保存不当时亦能产生假象。

（二）断口的显微形貌特征

1. 韧性（或韧窝）断口

在没有用电子显微镜观察韧性断口之前，人们对其显微形貌特征的了解是不够清楚的。现在通过电子显微镜的观察，才发现韧窝断口是显微空穴或微孔的萌生及聚集而形成的一种断口的显微形貌——韧窝花样。

（1）韧窝花样的形状。韧窝花样的形状主要由所受的应力状态决定，一般可出现三种不同形状的韧窝花样，即正交韧窝、剪切韧窝和撕裂韧窝。

韧窝花样的形状相对于局部断裂而言，当宏观断裂形态与显微形态不一致时，各个不同的局部位置存在着与其各自的显微形态相适应的韧窝花样；在通常情况下，各种形状的韧窝是混合在一起的。在实际的金属材料中，等轴韧窝与抛物线韧窝是规则而交替分布的，且常常观察到抛物线韧窝包围着等轴韧窝。

（2）韧窝的尺寸。韧窝的尺寸用韧窝的宽度和深度来度量，韧窝的宽度是指等轴球体或抛物线旋转体的大圆直径，韧窝的深度是从断面到韧窝底部的距离。

通常当断裂条件相同时，韧窝尺寸越大则材料的塑性越好。

（3）韧窝的数量。韧窝的数量取决于显微空间的数目，材料含有第二相颗粒或夹杂物时，第二相颗粒或夹杂物往往存在于韧窝的底部。

2. 解理断口的显微形貌特征

（1）解理台阶。金属及合金的解理断裂很少沿一个晶面发生开裂，而是跨越几个相互平行的解理面并以不连续的方式断裂的。如果解理裂纹是沿两个互相平行的解理面扩展，则在两个平行的解理面之间可能产生解理台阶。

（2）河流花样。解理台阶与局部塑性变形形成的撕裂脊线等组合的条纹，其形状类似地图上的河流，称为河流花样。

（3）舌状花样。解理断口的另一个显微形貌，就是舌状花样。舌状花样一般在钢铁材料解理面上可观察到，其形状像舌头，故称为舌状花样。

除此之外，解理断口显微形貌特征还有扇形花样、羽毛花样、青鱼骨花样、瓦纳线花样、晶体生长线花样等。

3. 疲劳断口的显微形貌特征

（1）疲劳裂纹。在金相显微镜或电子显微镜下观察，疲劳断口上有很细小的、相互平行的、具有规则间距的、与裂纹局部扩展方向垂直的条纹，称为疲劳裂纹。它与疲劳断口宏观特征“年轮”条纹或贝壳状条纹不同。

疲劳裂纹是疲劳断口的显微形貌特征的重要标志。

（2）轮胎压痕。疲劳断口上的最小特征花样，其形貌类似车胎的压痕，称为轮胎压痕。

轮胎压痕间距随着裂纹的扩展而增大，这是由于疲劳裂纹扩展速度连续变大，轮胎压痕的间距也依次加宽所致。

除此之外，疲劳断口显微形貌特征还有疲劳台阶、二次裂纹等。

4. 应力腐蚀断口的显微形貌特征

应力腐蚀断裂方式可能是沿晶型，也可能是穿晶型，将由材料与腐蚀环境决定。

普通碳钢及低合金钢的应力腐蚀断口大部分是沿晶开裂，裂纹沿着大致垂直于应力方向的晶界延伸。应力腐蚀穿晶断裂时，其裂纹也大致垂直于应力方向。

应力腐蚀断裂方式不仅与材料有密切关系，而且还与介质有关。此外，应力腐蚀断口还具有腐蚀坑、二次裂纹、泥状花样、块状花样等显微形貌特征。

5. 氢脆断口显微形貌特征

（1）氢脆裂源一般情况下不在材料的表面上产生，而是在材料的次表面成核。

（2）与应力腐蚀断口相比，氢脆断口形貌发纹较多，二次裂纹较少。

（3）氢脆断裂也会导致准解理断裂的出现。

（4）氢脆断口中，还可能观察到平行条纹等显微形貌特征。

（三）断口显微组织关系

在断裂过程中，合金的各组成相将按照各自的特有机构断裂，因此断口形貌特征将反映出不同的组织形态特点，可以根据不同的断口显微形貌特征进行显微组织鉴别与分析。

1. 组织鉴别

（1）铁素体与奥氏体的区别。铁素体在低温下容易产生解理断裂；奥氏体在低温下一般不发生解理断裂，常常出现韧窝断裂的显微形貌特征。因此，可借助于这两种截然不同的断口形貌特征鉴别铁素体与奥氏体的双相钢显微组织及其分布情况。

（2）铁素体与马氏体的鉴别。由铁素体与马氏体所组成的双相钢在 -196 ℃下断裂时，两种相均呈现解理断裂形貌特征，但是它们的解理河流花样有着明显的区别。马氏体组织的解理河流花样通常为不规则花样，其解理面含有同一方向的小刻面特征，这可能与每一个马氏体针叶形成的小刻面有关。铁素体组织的解理面较平整，其解理河流花样也较规则。因此，根据二者解理断裂形貌特征的差别，可鉴别这种显微组织。

（3）铁素体与珠光体的区别。由铁素体与珠光体所组成的双相钢，铁素体组织的解理断口形貌特征如上所述；珠光体组织的解理断口的解理面往往不光滑，并且呈现出锯齿状，或者是呈渗碳体片层的痕迹，或者反映出珠光体组织条纹等形貌特征。

（4）其他显微组织的断口形态。贝氏体组织的解理断口，除存在着一些弯曲状的河流花样之外，还存在着许多狭长的解理小刻面，其小刻面边缘呈现出不规则形态。此外，在断口上还可以观察到按一定规律析出的碳化物相的轮廓形貌。断裂路径往往在贝氏体边界改变方向，但是有时也有穿过贝氏体晶粒的情况。

回火贝氏体组织有解理断裂，与未回火贝氏体组织的解理断裂相比较，前者断口相对光滑些，并且有少数阶梯形花样，还可以观察到有沿晶断裂形态。

马氏体组织的解理断裂，其解理断面较细小，并且有相当数量的锯齿状特征，在低温或室温脆断时，大约有 50% 的断口面积为穿晶型的解理断裂，另外

50%断口面积为沿原奥氏体晶界断裂。

回火马氏体组织的脆性断裂，大部分呈现准解理断裂，存在着较多的断裂脊线及韧窝等形貌特征，有时也可能观察到锯齿形状。

总之，回火状态的显微组织与未经回火的显微组织相比，前者的组织单元比较细小，因此材料的抗脆性能较高。

2. 夹杂物的判别

在工业用钢中含有 Si、Mn、S、P 等元素，它们在钢中往往形成 TiN、MnS、FeO 等夹杂物。由于裂纹的萌生及扩展常常在这些夹杂物处，因此在断口上经常出现这些夹杂物，并且可用复型方法将其萃取下来，经电子衍射可以鉴定出它们的属性及结构。

3. 断口显微组织显示

断口剖面技术只是反映出断口形貌及其侧面的显微组织，还不能在断口表面上同时显示断口形貌及其一一对应的显微组织。如果在断口表面直接腐蚀出显微组织，就可达到这个目的。

一般采用在断口上直接腐蚀的方法。采用的腐蚀试剂，基本上与一般金相腐蚀试剂相同。在腐蚀断口表面显示显微组织时，腐蚀要浅，不能过深（与金相样品显示显微组织时正常腐蚀程度相比），否则，达不到同时显示断口形貌与显微组织的目的；如果显示第二相，腐蚀可深一些。

三、实验内容

50 号钢、30CrMnSiA 钢的断口显微形貌特征观察。

四、实验报告

（1）简述显微断口分析实验的目的及意义。

（2）分析 50 号钢、30CrMnSiA 钢的断口显微形貌特征。

第六章　无损检测实验

实验二十七　内部缺陷检测

一、实验目的

(1) 认识金属材料内部缺陷的无损检测方法。

(2) 认识射线探伤、超声波探伤的原理和检测操作工艺。

二、实验原理

无损检测是随着现代工业和科学技术的发展而形成的一门新兴的、独立的综合性应用技术，即在不破坏被检验物（如材料、零件、结构物等）的前提下，掌握其内部状况的现代检验技术。无损检验包括缺陷检测（无损探伤）及材质与热处理质量无损检测两个方面，射线探伤与超声波探伤是检测金属内部缺陷的主要方法。

（一）射线探伤

射线探伤方法包括射线照相法、荧光屏显示法、电视观察法及计数管检测法等。检测用的射线有 X 射线、γ 射线以及各种加速器发出的高能射线，目前应用最广泛的是 X 射线照相法。

1. 射线照相法原理

用射线照射工件时，由于工件完好部位与有缺陷部位对射线能量的吸收程度不同，因此，用感光胶片记录透过工件的射线即可获得缺陷部位的阴影图像。

透过试件的射线强度由基本衰减定律决定，即：

$$I = I_0 e^{-\mu x} \tag{6-1}$$

式中　I——透射强度；

I_0——入射强度；

x——试件厚度；

μ——衰减系数。

质量衰减系数 μ_m 与 μ 之间的关系为：

$$\mu_m = \mu / \rho \tag{6-2}$$

式中　ρ——材料密度。

散射比 K 为：

$$K = I_s / I_p \tag{6-3}$$

式中　I_s——透过工件后的散射强度；

I_p——透过工件后的二次射线强度。

辐射衬度比 K_{sp} 为：

$$K_{sp} = \mu / (1 + K) \tag{6-4}$$

几何不清晰度用半影宽度 μ_g 表示，即：

$$\mu_g = db(f - b) \tag{6-5}$$

式中　d——射线源尺寸（焦点）；

b——从工件表面到胶片的距离；

f——从射线源到胶片的距离（焦距）。

底片黑度 D 的定义为：

$$D = \lg(I_0 / I_\tau) \tag{6-6}$$

式中　I_0——光入射到底片时的强度；

I_τ——光透过底片时的强度。

总不清晰度 μ 与几何不清晰度 μ_g 及胶片固有不清晰度 μ_i 的关系为：

$$\mu_t^2 = \mu_g^2 + \mu_i^2 \tag{6-7}$$

工业 γ 射线探伤的 γ 射线源为 ^{60}Co 和 ^{192}Ir，已日趋淘汰将 ^{137}Cs 用于工业照相的技术。射线穿透力用半价层厚度，即使射线强度减至一半时吸收体厚度衡量。对于单色 X 射线，有：

$$\Delta = 0.693 / \mu \tag{6-8}$$

式中　μ——线吸收系数。

2. 射线照相检验过程

图 6-1 所示为射线照相检验的基本过程。

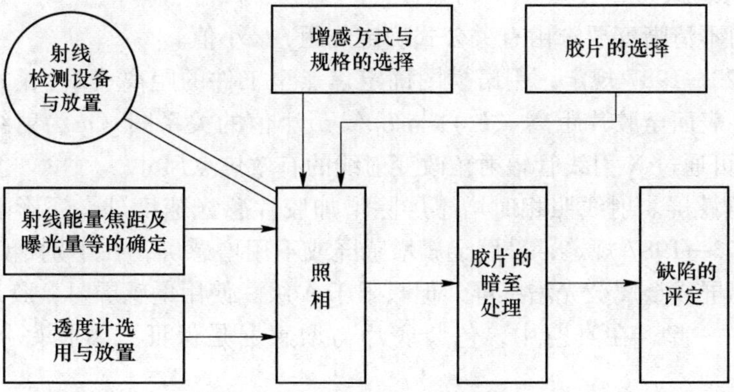

图 6-1　射线照相检验过程

3. 透度计（像质计）与灵敏度

采用透度计（像质计）测量射线照相灵敏度。我国主要采用线型像质计（金属丝透度计），其型号与规格应符合《线型像质计》（GB 5618—1985）的规定。《钢熔化焊对接接头射线照相和质量分级》（GB 3323—1987）规定，按照透照厚度和像质级别所需要达到的像质指数选用 GB 5618—1985 规定的 R_{10} 系列的像质计。

GB 3323—1987 规定，用像质指数作为使用像质计衡量透照技术和胶片处理质量的数值，等于底片上能识别出的最细钢丝的线编号，应将像质计放在工件最不易发现缺陷的位置上。该标准还规定：线型像质计应放在射线源一侧的工件表面上被检焊缝区的一端（被检区长度的 1/4 部位），钢丝应横跨焊缝并与焊缝方向垂直，细钢丝置于外侧。当射线源一侧无法放置像质计时，也可放在胶片一侧的工件表面上，但应进行对比试验，使实际像质指数值达到规定的要求。

采用射线源置于圆心位置的周向曝光技术时，像质计应放在内壁，每隔 90°放一个。

4. 摄照规范

（1）射线能量选择。射线能量的选择与透照厚度有关，一定管电压的 X 射线可透照厚度极限与胶片种类及增感方式有关。

射线能量的选择与透照灵敏度有关。射线能量增加，则衰减系数 μ 与散射比 K 均减小，但 μ 与 K 对辐射衬度比 K_{sp} 的影响相反，而且影响的主次程度随工件厚度的不同而不同。

为了保证灵敏度，选择射线能量的原则是：检测工件厚度较小时，在能穿透的情况下尽可能选择较弱的射线能量；检测工件厚度较大时，要尽可能选择较强的能量。

（2）射线源大小（焦点）与焦距。当射线源尺寸（焦点）d 一定时，根据规定的几何不清晰度要求由有关公式确定焦距 f 最小值。

GB 3323—1987 规定，用诺模图确定焦点至工件的距离（L_1），并提供了诺模图及工件表面至胶片距离（L_2）与 L_1/d 最小值的关系图（d 为射线源有效焦点尺寸），可通过 X 射线管辐射角改变射线的有效焦点尺寸。

（3）增感屏。射线照相时增感屏除增加胶片感光速度外，还影响照相灵敏度。GB 3323—1987 规定，采用金属增感屏或不用增感屏，在个别情况下，可使用荧光增感屏或金属荧光增感屏，但只限于 A 级。使用增感屏时，胶片与增感屏必须紧贴在一起。在真空中，包装底片与增感屏是保证二者良好接触的最佳方式。

（4）胶片与曝光量。有关标准、法规对射线照相的底片黑度要求见表 6-1。

表 6-1　规定的底片黑度范围

<table>
<tr><th>标　　准</th><th>射线种类</th><th colspan="2">底片黑度 D</th><th>灰雾度 D_0</th></tr>
<tr><td rowspan="4">GB 3323—1987</td><td rowspan="3">X 射线</td><td>A 级</td><td rowspan="2">1.2 ~ 3.5</td><td rowspan="4">≤0.3</td></tr>
<tr><td>AB 级</td></tr>
<tr><td>B 级</td><td>1.5 ~ 3.5</td></tr>
<tr><td>γ 射线</td><td>—</td><td>—</td></tr>
<tr><td>ASME</td><td colspan="4">用于 X 射线，$D \geqslant 1.8$；用于 γ 射线，$D \geqslant 2$；用于多片技术，$D \geqslant 1.3$；$D_{max} \leqslant 4$</td></tr>
<tr><td>ISO/DIN（焊缝检验）</td><td colspan="4">用于 A 级检验，$D \geqslant 1.7$；用于 B 级检验，$D \geqslant 2$；黑度上限无规定</td></tr>
<tr><td>DIN（铸件检验）</td><td colspan="4">用于 A 级检验，$D \geqslant 1.5$；用于 B 级检验，$D \geqslant 2$；用于多片技术的 B 级检验，$D \geqslant 1.5$；黑度上限无规定</td></tr>
</table>

生产中，根据实验制作的曝光曲线确定照相曝光量。曝光曲线表达被检验工件厚度、射线能量、曝光量（电流 × 时间）之间的关系。制作曝光曲线的原则是：按确定的曝光条件对不同厚度的各种工件进行曝光时，所获得底片黑度、灵敏度等必须满足标准规定。

被检验材料不同，曝光曲线也不同。以钢的曝光曲线为依据，其他材料曝光条件可通过等效系数折算。

为防止散乱射线对照相灵敏度的不利影响，采用下列方法进行照相保护：1）用光阑或圆锥铅筒控制入射线束的照射范围（尽量使其只照射在探伤部位上）；2）在底片背面及胶片不能与工件紧密接触部分的周围用铅板遮盖等。

胶片暗室处理包括显影、冲洗、定影、冲洗和干燥，必须严格按照胶片说明书的规定进行。

5. 缺陷评定

依据底片评定缺陷，评片应在专用评片室进行。室内光线应暗淡，但不要全暗，室内照明用光不得在底片表面产生反射。观片时使用漫散的亮度足够且可调的观片灯，照明区域屏蔽至所需的最小面积。对底片质量，除要求能明显观察出有关标记符号、底片不应有药膜脱落、划痕及指纹等，底片黑度与灵敏度应满足要求。不同尺寸的同种缺陷按有关标准规定进行折算，据此与不同质量等级规定的缺陷限量进行比较，从而评定等级。

评定时注意辨认伪缺陷，底片上某些黑色痕迹并不是由于被检工件中存在缺陷形成的。

（二）超声波探伤

1. 超声波探伤原理

超声波探伤是利用人耳无法感觉到的高频声波（>20000 Hz）射入被检物，并用探头接收信号，从而检测出材料内部或表面缺陷的方法。探伤用超声波频率一般在0.5~25 MHz，超声波波长λ、频率f和传播速度c的关系为：

$$\lambda = c/f \tag{6-9}$$

在气体和液体中只有纵波，纵波声速c_1（m/s）为：

$$c_1 = (K/\rho)^{1/2} \tag{6-10}$$

式中 ρ——气体（液体）的密度，kg/m^3；

K——气体（液体）的体积弹性模量，N/m^2。

声阻抗Z为：

$$Z = \rho c \tag{6-11}$$

当声波由介质1垂直入射到介质2时，声能反射率Z为：

$$Z = (Z_2 - Z_1)^2/(Z_1 + Z_2)^2 \tag{6-12}$$

式中 Z_1，Z_1——介质1与介质2的声阻抗。

声能透射率T为：

$$T = 4Z_1 Z_2/(Z_1 + Z_2)^2 \tag{6-13}$$

声波以一定角度入射到两种介质界面时，产生波的反射与折射，并可能发生波形转换，波之间的角度和声速关系由斯奈尔定律表达：若入射波为纵波，则有：

$$\frac{\sin\alpha_1}{c_{l1}} = \frac{\sin\gamma_s}{c_{s1}} = \frac{\sin\beta_1}{c_{l2}} = \frac{\sin\beta_s}{c_{s1}} \tag{6-14}$$

$$\gamma_1 = \alpha_1$$

式中 α_1——纵波入射角；

β_1，β_s——纵波折射角和横波折射角；

γ_1，γ_s——纵波反射角和横波反射角；

c_{l1}，c_{l2}——两种介质中纵波声速；

c_{s1}，c_{s2}——两种介质中横波声速。

若入射波为横波，则有：

$$\frac{\sin\alpha_s}{c_{s1}} = \frac{\sin\gamma_1}{c_{l1}} = \frac{\sin\beta_1}{c_{l2}} = \frac{\sin\beta_s}{c_{s2}} \tag{6-15}$$

$$\gamma_s = \alpha_s$$

式中 α_s——横波入射角。

第一个临界角为使纵波折射角等于90°时的纵波入射角（α_{l1}），有：

$$\sin\alpha_{l1} = c_{l1}/c_{l2} \tag{6-16}$$

第二个临界角为使横波折射角等于90°时的纵波入射角（α_{l2}），有：

$$\sin\alpha_{l2} = c_{l1}/c_{l2} \tag{6-17}$$

超声波近场区（Fresuel 区）长度 N 为：

$$N = D^2/(4\lambda) \tag{6-18}$$

式中　D——发射体（晶片）直径；

λ——波长。

远场区（Franhofer 区）声束发散，强度与距离平方成反比。发射体为圆形时，声束在远场区的半扩散角 θ_0（指向角）由下式决定，即：

$$\sin\theta_0 = 1.22\lambda/D \tag{6-19}$$

超声波在介质中传播会发生声强的衰减，其规律为：

$$I = I_0 e^{-2\alpha\delta} \tag{6-20}$$

式中　I_0——超声波初始强度；

I——超声波透过厚度为 6 cm 介质时的强度；

α——线衰减系数（Np/cm，1 Np/cm = 868.6 dB/m）。

用分贝值 $K_P(K_H)$(dB) 表示衰减变化或放大率，即：

$$K_P = 20\lg(P/P_0)$$

$$K_H = 20\lg(H/H_0) \tag{6-21}$$

式中　P_0(或 H_0)——声压或波高的基准值；

P(或 H)——声压（或波高）的测量值（或要求值）。

材料厚度等于半波长或其整数倍时将发生共振，有：

$$t = nc/(2f) \tag{6-22}$$

式中　t——共振厚度；

c——声速；

f——频率；

n——整数。

表 6-2 为超声波探伤按不同方式分类简表，A 型脉冲反射探伤法是目前使用的主要方法。

表 6-2　超声波探伤分类简表

按原理分类	连续探伤（共振式、调频式及穿透式）与脉冲探伤
按显示方式分类	声响显示与光电显示（A 型、B 型、C 型与 3D 型）
按探头数分类	单探头、双探头及多探头探伤
按接触方式分类	直接接触法与水浸法探伤

2. 脉冲反射探射法的探伤过程与探伤条件

脉冲反射探伤法按超声波在介质中的传播方式分类及用途见表 6-3。

表 6-3 脉冲反射探伤法分类及用途

探伤方法	波 型	主 要 用 途
垂直探伤法	纵波	铸件、锻件及轧件等的内部缺陷检测，有时也用于焊缝及管件内部缺陷检测
斜角探伤法	横波	焊缝及管件等的内部缺陷检测
表面波探伤法	表面波	表面缺陷检测
板波探伤法	板波	薄板缺陷检测

（1）探伤频率的选用。与探伤频率选择有关的因素较多，工件厚度大、工件形状不规则、表面粗糙、晶粒尺寸大、探伤灵敏度要求低及缺陷定位要求一般时，应选择较低频率；反之则应选择较高频率。待测缺陷与表面距离越近及对波束轴线越倾斜，则选择探伤频率越低。

（2）探头晶片尺寸的选用。影响晶片尺寸选用的因素见表 6-4。

表 6-4 与晶片尺寸有关的因素

项 目	名 称	状 况	
选用选片尺寸		小	大
影响因素	工件厚度	小	大
	可测距离	小	大
	探测面状况	不平整、不光洁	平整、光洁
	探测面曲率	大	小
	近距离覆盖范围	小	大
	远距离覆盖范围	大	小
	缺陷反射波/底面反射波	大	小

（3）折射角的选用。横波探伤用斜探头主要采用 35°～70°的折射角，管材探伤时探头折射角 β 的选定应满足下式要求：

$$\beta < \arcsin\left(1 - \frac{2t}{\phi}\right) \tag{6-23}$$

式中 t——管材壁厚，mm；

ϕ——管材外径，mm。

（4）耦合剂的选用。耦合剂的选用以保证良好的透声性为准则，应尽量选用其声阻抗与试件声阻抗相近的介质为耦合剂。

（5）探伤灵敏度的选择与调节。探伤灵敏度是指在规定范围内对最小缺陷的检出能力，用规定范围内的标准反射值及衰减余量表示。表 6-5 列出了调节灵敏度的两种方式。

表 6-5　调整灵敏度的方式

名称	利用试块的方式	利用底面回波的方式
确定步骤	选择试块→探头在试块上放置、耦合→探伤仪灵敏度调节控制→试块人工缺陷回波达到规定高度	选择试件无缺陷部位的底面→探头在试件上放置、耦合→探伤仪灵敏度调节控制→底面回波达到规定高度→按验收标准规定的 dB 值或计算的 dB 值（当量法）增益或衰减
优缺点	可直观比较相互探伤的结果，当采用材质、厚度或表面粗糙度与试件不同的试块时需进行灵敏度调节修正	不用试块；厚度不足近场长度 3 倍、倾斜凹凸不平底面及截面小于波束截面的试件均不宜采用此法
应用范围	用于难以找到底面回波的探伤、斜角探伤	用于银件等工件探伤，垂直探伤

底面反射波与同深度平底孔反射波的分贝差值为：

$$G_{\phi} = 20\lg\frac{2\lambda s}{\pi\phi^{2}} \tag{6-24}$$

式中　λ——波长；

s——声程；

ϕ——要求发现的平底孔型缺陷的最小直径。

若要求发现横通孔型缺陷，则：

$$G_{\phi} = 10\lg\frac{2\lambda s}{\pi\phi^{2}} \tag{6-25}$$

式中　ϕ——要求发现的横通孔型缺陷的最小直径。

3. 缺陷定位

缺陷在工件中的位置由反射波在荧光屏上的位置确定，垂直探伤法缺陷定位有：

$$h = TL_{F}/L_{B} \tag{6-26}$$

式中　h——缺陷在试件中的位置；

T——试件厚度；

L_F——缺陷波位置；

L_B——底波位置。

斜角探伤法缺陷定位基本公式如下：

$$h = s\cos\beta \tag{6-27}$$

$$P = s\sin\beta \tag{6-28}$$

式中　h——缺陷至探测面垂直距离；

s——声程；

β——折射角；

P——缺陷至入射点水平距离。

对于斜角探伤，当缺陷位于半跨距以外时，则按以下公式定位：

$$h_1 = 2T - s_1\cos\beta \tag{6-29}$$

$$h_{1.5} = s_{1.5}\cos\beta - 2T \tag{6-30}$$

$$h_2 = 4T - s_2\cos\beta \tag{6-31}$$

$$h_{2.5} = s_{2.5}\cos\beta - 4T \tag{6-32}$$

式中 T——试件厚度；

h_1，$h_{1.5}$，h_2，$h_{2.5}$——0.5～1 跨距、1～1.5 跨距、1.5～2 跨距及 2～2.5 跨距缺陷至探测面垂直距离；

s_1，$s_{1.5}$，s_2，$s_{2.5}$——与上述各跨距范围相应的声程；

β——折射角。

4. 缺陷定量

用波高、当量（或“指示长度”）表达缺陷尺寸的各种缺陷定量方法，见表6-6。

表 6-6 超声波探伤缺陷定量方法

分类	方法名称	方法要点	应用特点
波高定量法	缺陷回波高度法	以缺陷回波高度（绝对值法）或缺陷回波高度与屏高（饱和点高度）之比（相对值法）表示缺陷大小	不用试块，缺陷大小及探伤灵敏度均可在工件上确定，操作方便，F/B 等比值不受探测面状态和耦合条件等的影响，但随灵敏度、探头尺寸与频率、缺陷测距等的变化而变化；仪器垂直线性良好时，距离-波幅曲线可直接绘制在荧光屏上，可直接读出缺陷大小；仪器垂直线性不佳时，则利用衰减器读数表示相对波高制作距离-波幅曲线
	底波高度百分比法	用缺陷回波与同时显示的试件底面回波高度百分比（F/B），或缺陷回波与无缺陷部位底面回波高度之比（F/B_0）表示缺陷大小	
	距离波幅曲线法	用计算法或实测法绘制的距离-波幅（dB）曲线表达反射波高度随距离的变化（反射体一定时），该曲线一般由定量线、测长线和判废线组成	
当量定量法	当量试块比较法	相同测试条件下，缺陷回波与同声程的人工缺陷试块反射波高相同，则该人工缺陷尺寸即为缺陷当量	一般用于缺陷尺寸小于声束截面的场合，方法直观易懂，当量概念明确；当量试块比较法需制作大量人工缺陷试块，目前已很少使用；AVG 曲线法克服了需用大量试块的缺点，但限于测距大于 3 倍近场长度缺陷，且要求试件截面尺寸大于声束
	AVG 曲线法	预先利用计算法或实测法制作标准化距离 A、标准化回波高度 V 及缺陷标准化尺寸 G 关系曲线，按测得的缺陷距离及回波高度即可由 AVG 曲线确定缺陷当量位	

续表6-6

分类	方法名称	方法要点	应用特点
探头动定量法	相对灵敏度测长法	使缺陷回波最大值为基准值，将其增益6 dB，使缺陷回波再恢复到基准值的探头移动距离即为“缺陷指示长度”的6 dB测长法。若增益为10 dB、12 dB等，则称为10 dB法及12 dB法等。从缺陷回波高度（最大值）开始到回波高度降低一半为止的探头移动距离作为“缺陷指示长度”，即半波高度法	适用于缺陷尺寸大于声束截面的场合，相对灵敏度法以缺陷波高为基准，在测量不同长度缺陷时灵敏度相应有所变化：增益dB值越大，越能将短缺陷评价为长缺陷。6 dB法得到较普遍应用；半波高法与6 dB法实质相同，半波高度法操作简便，但对于垂直线性误差较大的仪器，宜用6 dB法
	绝对灵敏度测长法	在仪器灵敏度一定的情况下，缺陷回波高度降到规定位置时探头移动距离作为“缺陷指示长度”	绝对灵敏度测长法简单、直观，易用于自动探伤，但易产生缺陷定量过大或过小现象

AVG曲线中标准化距离A为：

$$A = x/N \tag{6-33}$$

式中　x——声程，mm；

N——近场区长度，mm。

缺陷标准化直径G为：

$$G = d/D \tag{6-34}$$

式中　d——平底孔当量直径，mm；

D——探头晶片直径，mm。

JB 1152—1981规定，距离-波幅曲线以所用探头和仪器在CSK-IA或CSK-ⅢA试块上实测数据绘制而成。应用探头移动定量法定量时，平板试件中缺陷倾斜时，缺陷指示长度L按下式修正，即：

$$L = l/\cos\phi \tag{6-35}$$

式中　l——探头移动距离，mm；

ϕ——缺陷走向与探测面夹角，(°)。

对于圆柱体试件，缺陷指示长度L按下式修正，即：

$$L = l(R - x)/R \tag{6-36}$$

式中　R——圆柱体试件半径，mm；

x——缺陷距探测面深度，mm。

检测空心圆柱体试件内孔缺陷时，缺陷指示长度L按下式修正，即：

$$L = l(r + x)/r \tag{6-37}$$

式中　r——试件内孔半径，mm。

5. 超声波探伤方法的应用与比较

应用超声波探伤方法可检测气孔、夹杂、裂纹、缩孔及未焊透等缺陷，用于锻件、轧制件、焊缝及铸件等的检验，最易检出长度方向与超声波束方向垂直的缺陷。超声波探伤方法比较见表6-7。

表6-7　超声波探伤方法比较

探伤方法	显示缺陷的方式	优、缺点
脉冲反射法	被检物中超声波脉冲在完整部位与缺陷的界面产生反射波，用示波管显示	仪器轻便，检验迅速，发现裂纹灵敏度高，直观性差，要求工件有较高表面质量，对检验人员技术要求高
连续发射法（投影法）	向被检物发射的超声波遇到缺陷后被界面反射，在缺陷背后形成声影	可检测的金属厚度大，对工件表面质量要求稍差，采用双探头，操作较复杂，缺陷尺寸小于波长则无法检出
超声波显像法（超声波显微镜法）	声影透过声透镜及图像变换器显示出内部缺陷图像	直观性好，分辨力差，设备较复杂，操作不便

三、实验设备和材料

X射线探伤仪（1台）、超声波分析仪（4台）、示波器（8套）、实验试样（3块/组，共6组）。

四、实验内容与步骤

学生分为6个小组，按组领取实验试样，每组学生对试样进行缺陷检测。

（1）用超声波检测，要求：

1）连接示波器，进行参数调整；

2）用标准试样进行测试；

3）检测待测量试样，并手绘出波形，计算缺陷大小、位置。

（2）用X射线探伤仪进行缺陷检测，要求：

1）连接X射线探伤仪，进行参数调整；

2）用标准试样进行测试；

3）检测待测量试样，拍照完毕后分析缺陷大小、位置。

五、实验报告

（1）简述内部缺陷检测实验目的。

（2）简述了解的内部缺陷检测设备名称及用途。

（3）讨论超声波及X射线检测的实验方法。

（4）画出缺陷组织示意图，指出其大小、位置。

六、思考题

（1）常用的材料内部缺陷检测方法有哪些？说明各自的特点及应用范围。
（2）钢的内部缺陷类别不同时对缺陷图像及检测灵敏度有何影响？

实验二十八　表层缺陷检测

一、实验目的

（1）认识材料的表层缺陷检测方法。
（2）了解磁粉探伤、渗透探伤、涡流探伤的原理与过程。

二、实验原理

用于表层缺陷检测的主要方法有磁粉探伤、渗透探伤及涡流探伤。

（一）磁粉探伤

1. 磁粉探伤的原理与过程

磁力探伤包括磁粉探伤、磁带录磁探伤及漏磁场探伤等，目前应用最广泛的是磁粉探伤。被检物在磁场中磁化后，缺陷部位产生漏磁场；在被检物表面撒上磁粉，缺陷处有磁粉附着，从而显示出缺陷。缺陷长度方向与磁场方向垂直是磁粉探伤的最重要条件。

磁场强度 H(A/m) 与在材料中产生的磁通密度 B(T) 的关系为：

$$B=\mu H \tag{6-38}$$

式中　μ——磁导率，H/m。

在导体周围的磁场强度 H(A/m) 为：

$$H=0.16I/r \tag{6-39}$$

式中　I——导体中电流，A；

r——与导体的距离，mm。

磁粉探伤操作过程如图 6-2 所示。

预处理是将被检工件表面的油脂、涂料及铁锈等去掉，以免影响探伤效果，此外要求试件表面干燥。

探伤过程中，如果前次磁化的残留剩磁可能影响磁痕解释，则在图 6-2 所示两次连续操作之间应对零件进行退磁。探伤后不允许有剩磁的零件也必须退磁，探伤后尚需经奥氏体化热处理的零件可不退磁。

退磁方法与电流种类有关。直流电：反复换向并逐渐减小磁化电流至零；退磁所用初始磁场强度大于或等于原来磁化力；对于大型零件，推荐使用直流电退磁。交流电：以较小的分挡或连续减少磁化电流至最低值。

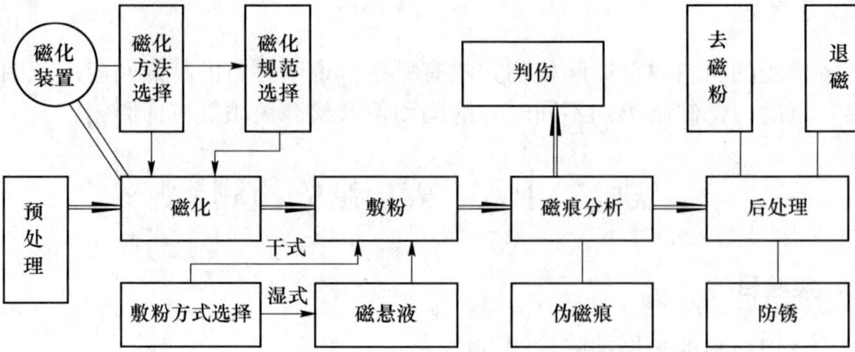

图 6-2 磁粉探伤操作过程

2. 磁化方法

基本磁化方法见表6-8。按照被检工件形状和预计的缺陷选择磁化方法，当缺陷长度与磁场方向平行时，可能检测不到缺陷。一般说来，因为缺陷方向难以预料，故应对工件分别进行周向磁化和纵向磁化，以免漏检。

表 6-8 基本磁化方法

分类		名称	要点	适用范围	应用特点
周向磁化	沿工件轴向建立磁场的方法	轴向通电法	电流直接通过工件	主要用于轴、杆类工件探伤	可以发现轴向（电流方向）或与轴向夹角小于45°的缺陷
		中心导体法	电流通过插入工件孔内的导体或电缆	主要用于管件及有孔形工件探伤	
		电极触点法（支杆法）	利用接触电极使电流通过工件被检部位	主要用于大型工件、焊缝等的局部表面探伤，通过触电位置移动可达到对整个工件探伤的目的	
纵向磁化	使磁力线平行于工件轴向的磁化方法	线圈法	用螺旋管线圈或绕在工件上的电缆通电磁化	主要用于轴、杆类零件探伤	可以发现与磁力线垂直或与磁力线夹角大于45°的缺陷
		电磁铁法（极间法）	零件置于电磁铁两极间，局部闭路磁化	主要用于大型工件、焊缝等的探伤	
		磁轭法	磁轭夹住工件，形成闭路磁化	主要用于中、小型工件或较短轴、杆类工件探伤	

为取得互相垂直磁场，可以采用复合磁化方法，复合磁化方法只适用于连续法。采用旋转磁场探伤仪时，工件被旋转磁场磁化，磁化方向随时间变化而旋

转，可检测工件各个方向的缺陷。旋转磁场磁化法主要用于焊缝和大型铸钢件的磁粉探伤。

在试件充磁状态下敷粉称为连续法，在试件充磁后敷粉的方法称为剩磁法。

采用交流磁化，则检出近表面缺陷能力差，而检出表面缺陷能力强。采用直流（或半波整流）磁化可检出近表面缺陷。

3. 磁化规范

可用灵敏度试片法确定磁化规范（ASTMA 275—1982）。使用 A 型标准试片时，用连续法敷粉，根据显示的磁痕确定磁场方向，根据显示磁痕标准试片的种类（板厚、槽深）估计磁场强度。

在选用不同检验方法和磁化方法时，零件被磁化后最终状态的磁性都应保持以下的磁感应强度：连续法为 600 ~ 800 mT、剩磁法为 800 ~ 1000 mT。

4. 探伤灵敏度

磁粉探伤灵敏度是指可发现表面或近表面缺陷的最小尺寸，即绝对灵敏度。某些磁化方法可达到的灵敏度见表 6-9。

表 6-9　探伤灵敏度

磁化方法	裂纹与未焊透等		发纹	
	埋藏深度/mm	宽度/mm	埋藏深度/mm	尺寸/mm
直流电磁铁	≤2.5	0.01 ~ 0.2	≤1	宽 0.04 ~ 0.3，深 0.05 ~ 0.7
交流电磁铁	≤1.5	—	≤0.5	宽 0.03 ~ 0.04，深 0.05 ~ 0.7
交流电磁铁（剩磁法）	≤3	—	≤0.3	宽 0.3 ~ 0.4，深 0.05 ~ 0.7

磁粉探伤的灵敏度取决于磁粉或磁悬液的性质、磁化方法与规范、金属磁特性及缺陷的位置等。对于不同工件，相应的标准提出了不同的探伤灵敏度要求。实际探伤中，可采用灵敏度试片验证被测工件是否达到探伤灵敏度的要求。

5. 磁粉与磁悬液

磁粉粒度应均匀，平均粒度为 5 ~ 10 μm，最大粒度最好小于 5 μm，荧光磁粉粒度为 2 ~ 5 μm。

表 6-10 为几种磁悬液的成分和配制方法，表 6-11 为 JB 741—1980 规定的荧光磁悬液配制方法。

表 6-10　磁悬液的成分和配制方法

类别	成分	配制方法	应用范围
水磁悬液	甘油三酯肥皂①15 ~ 20 g，磁粉 50 ~ 60 g，水 1000 mL	先将甘油三酯肥皂放在少量温水中稀释，然后加入磁粉，在研钵中研细，最后加水到 1000 mL	检验效果较油磁悬液好，但零件表面要预先清除油污

续表 6-10

类 别	成 分	配制方法	应用范围
油磁悬液	1.60% 变压器油 +40% 煤油，在 1000 mL 悬浮液中含 100 g 磁粉，1000 mL 变压器油中含 50 g 磁粉	—	在油中淬火的零件，如表面无严重氧化，可直接用此液检验
荧光磁悬液	荧光磁粉：磁粉 56%，铁粉 40%，荧光剂（蒽）4%，胶性漆每 100 g 混合物中为 40 g。 水悬浮液：乳化剂 4%~5%（质量），亚硝酸钠 3%~4%（质量），荧光磁粉在每 100 mL 液体中为 15~20 g	各种粉粒的粒度为 3~5 μm，先将配好的磁粉用水调制，加入乳化剂和亚硝酸钠	综合了荧光和磁粉探伤的优点，灵敏度比单纯荧光法高，只能用于铁磁金属

① 也可用普通肥皂代替，但均匀与稳定性差。

表 6-11 JB 741—1980 规定的荧光磁悬液配制方法

成 分	数 量	成 分	数 量
水	1000 cm^3	亚硝酸钠	5 g
乳化剂	10 g	荧光磁粉	1~2 g
二乙醇胺	5 g	消泡剂	1 g

6. 磁痕分析

表 6-12 为各种缺陷磁痕的一般特征，表 6-13 为伪磁痕（非缺陷磁痕）的鉴别要点。

表 6-12 缺陷磁痕的一般特征

缺陷名称	缺陷磁痕的一般特征
裂纹	清晰而浓密的曲线状
锻造裂纹	磁痕聚集较浓密，呈方向不定的曲线状或锯齿状；近表面锻造裂纹产生不规则弥漫状磁痕，出现部位与工艺有关
热处理裂纹	磁痕明显，浓度较高，呈线状，棱角较多且尾部尖细，多出现在棱角、凹槽、变截面等应力集中部位
磨削裂纹	一般与磨削方向垂直，且成群出现，呈网状或细平行线状
铸造裂纹	在应力最大的裂开部位较宽，之后变细
疲劳裂纹	按中间大、两边对称延伸的线状曲线分布，大多垂直于零件受力方向
焊接裂纹	多弯曲，两端有鱼尾状，焊缝下（近表面）裂纹形成较宽的弥漫状磁痕
白点	在圆形横断面等圆周部位呈无规则分布的短柱线状
夹杂物（与气孔）	单个或密集点状（或片状），与缺陷具体形状相似
发纹	沿金属流线方向呈直线或微弯曲线状分布。表面发纹磁痕非常细小但轮廓明显，正表面发纹图像不清晰

表 6-13　伪磁痕的一般特征

伪磁痕成因	伪磁痕的一般特征
局部冷作硬化	一般呈带状，线性度较差
截面急剧变化	宽而模糊，分布不紧凑
流线	沿流线方向成群的平行磁痕，呈不大连续散状，往往因磁化电流过大所致
碳化物层状组织	短、散、宽带状分布
焊缝边缘	吸附不紧密、边缘不清晰
无规则的局部磁化	无规则的局部磁化，“磁写”痕迹模糊，退磁后可去掉

7. 磁力探伤方法的应用与比较

磁力探伤适用于铁磁性材料表面或近表面缺陷检测，可检测裂纹、气孔、夹杂物等缺陷。磁力探伤方法比较见表 6-14。

表 6-14　磁力探伤方法比较

探伤方法	显示缺陷的方式	优、缺点
磁粉探伤	磁痕（磁粉显示的缺陷漏磁分布）	操作简便；不能保存探伤结果，检验后一般要退磁，检测受磁场方向影响
磁带录磁探伤	用磁带记录工件表面的漏磁分布，由磁探针摄取扫描信号，用示波器或仪表显示	操作简便、迅速，可保存探伤结果，易于自动检测；连续检验时，不能发现与磁场方向一致的裂纹
漏磁场探伤	用传感器（霍耳元件、磁敏二极管式差接线圈）接收缺陷漏磁，经放大、转换等处理后显示缺陷	易于实现自动检测；目前该方法尚不够成熟

（二）渗透探伤

1. 渗透探伤的原理与分类

施加于被检物的渗透剂依靠毛细作用渗入被检物表面缺陷内，清洗被检物后，显像剂将残留在缺陷中的渗透剂吸出，从而以荧光或着色图像显示缺陷的形状与位置。

渗透液对缺陷的渗透能力与渗透液表面张力及渗透液对固体的润湿作用等有关。渗透液在缺陷内形成凹形弯月面，在表面张力作用下凹形液面对下层液体产生的附加压强（毛细压强）为：

$$p = 2\alpha / R \tag{6-40}$$

式中　α——表面张力系数，N/m；

R——弯曲液面半径，m。

在附加压强作用下，渗透液做毛细运动，沿缺陷渗入。渗入深度可用毛细管内液体上升高度近似估算：

$$h = p\cos\theta/(\rho g) \tag{6-41}$$

式中 h——毛细管内液体上升高度，mm；

θ——液体与固体的润湿接触角，(°)；

ρ——渗透液密度，kg/m^3；

g——重力加速度，m/s^2。

缺陷缝隙越细，液体渗入越深，但缝隙过细则不能保证有足够量的渗透液渗入缺陷。

润湿接触角（θ）是指液固界面与界面外液体表面的切线所夹的角度。液体表面张力越大，则润湿接触角越大，液体对固体的湿润能力越小。

渗透探伤方法分为后乳化型荧光探伤、溶剂去除型荧光探伤、水洗型荧光探伤、后乳化型着色探伤、溶剂去除型着色探伤及水洗型着色探伤等。

各种探伤方法灵敏度按上述顺序逐渐减小，费用顺序降低。水洗型及后乳化型均需水源。溶剂去除型可用于用水不便的场所，但要注意渗透剂的去除问题。着色探伤比荧光探伤灵敏度低，但不需在黑光灯下检验，克服了场所的限制。

2. 渗透探伤的过程与技术

施加渗透剂前必须将所有可能影响探伤的杂质、污物清洗干净，预处理可采用溶洗、碱洗、酸洗、蒸气清洗、洗涤剂清洗及超声清洗等方法。机械清洗，如锉、抛光、砂、喷丸等，可能堵塞表面缺陷的开口，降低探伤效果，不宜采用。预处理后整个工件需要干燥。

施加渗透剂可采用液浸、刷涂、喷淋或喷涂等方法。渗透探伤时温度应在 15～35 ℃范围内，不应超过 52 ℃。工作温度为 15 ℃时，渗透时间为 5～30 min。施加渗透剂后应进行排液处理。

后乳化型渗透剂渗透处理后，采用适量乳化剂乳化多余渗透剂，乳化作用时间一般取 0.5～3 min。水洗型渗透剂渗透后及乳化型渗透剂渗透并乳化后的水清洗，在洗掉工件表面多余渗透剂的同时要保证缺陷内的渗透剂保留下来，可用手动、半自动、自动喷水器或水浸装置清洗。ASTM 标准规定冲洗时水压应恒定，不得超过 345 kPa（501 b/in^2），平均值是 207 kPa（301 b/in^2），建议冲洗水温相对恒定，一般在 16～43 ℃温度范围内清洗较为有效。施加溶剂去除型渗透剂后，用蘸有溶剂不起毛的材料将渗透剂擦净；应避免使用过量溶剂，禁止用溶剂冲洗表面。

干燥处理的目的是去除零件表面附着的水分，但不可使缺陷内的渗透剂蒸发。可采用热风循环、热风鼓风机或置于室温环境中干燥，最好在恒温循环热风干燥器中进行，应注意工件温度不得高于 52 ℃。

施加湿式显像剂可采用喷涂、喷淋、液浸等方法，显像剂应在清除多余渗透剂后立即施加，并在干燥的同时显现。

干式显像剂应在工件干燥后施加，可将工件埋入显像剂容器或流动床身中，也可用手动喷涂装置或喷枪。

渗透探伤设备简单、操作简便、显示缺陷直观、应用广泛，可用于各种金属材料裂纹、非金属材料裂纹、气孔、夹杂物、疏松及针孔等缺陷检测，但只限于检出表面开口缺陷。

（三）涡流探伤

1. 涡流探伤的原理

被检物置于检测线圈所产生的交变磁场中感应出涡流，而涡流又在被检物附近产生附加交变磁场。在被检物缺陷处涡流磁场畸变，测量检测线圈输出（电压与位相等）的变化可以检出缺陷。

检测线圈的特性用阻抗的两个分量，即电阻 R 与感抗 X 表示，其中：

$$X = 2\pi f L \tag{6-42}$$

式中 f——交变磁场频率，Hz；

L——线圈电感，H。

被检物的物理性质、几何因素、检测线圈的大小与形状及线圈交变磁场频率等对线圈阻抗的影响，可用阻抗因上式在阻抗点的位移量与方向表达。其中，线圈填充系数（ν）为试样横截面积与线圈横截面积之比：

$$\nu = d_0^2 / d^2 \tag{6-43}$$

式中 d_0——圆柱试样直径，m；

d——线圈有效直径，m。

圆柱试样的特征频率（Hz）为：

$$f_g = 506606 / (\mu \sigma d_0^2) \tag{6-44}$$

式中 μ——相对磁导率；

σ——电导率，S/m；

d_0——试样直径，m。

无试样时的（空载）电压 E_0（V）为：

$$E_0 = 2\pi f n \cdot \frac{\pi D^2 H_0}{4} \times 10^{-8} \tag{6-45}$$

式中 f——线圈激励频率，Hz；

n——次级线圈匝数；

D——次级线圈直径，cm；

H_0——线圈激励磁场强度，A/m。

归一化的线圈电压（有试样线圈电压除以“空载”电压的感抗分量）虚数部分为：

$$\frac{E_i}{E_{L_0}}=\frac{\omega L}{\omega L_0}=1-\upsilon+\upsilon\mu_r\,\mu_{eff} \tag{6-46}$$

归一化的线圈电压实数部分为：

$$\frac{E_r}{E_{L_0}}=\frac{R-R_0}{\omega L_0}=\upsilon\mu_r\,\mu_{eff} \tag{6-47}$$

有效磁导率 μ_{eff} 是试样电导率、直径及检测频率的函数。归一化阻抗实数部分与虚数部分的复数阻抗平面可同时表示 μ_{eff} 实数部分与虚数部分的复数有效磁导率平面及归一化线圈电压的复数电压平面。非铁磁性圆柱体电导率的变化（对阻抗位移的影响）与直径变化（对阻抗位移的影响）在阻抗平面上的方向不同。电导率效应与直径效应的分离取决于直径变化方向与电导率变化方向的夹角，夹角大则分离容易。频率比大于 4 Hz 时效果较佳。对于铁磁性圆柱体，在阻抗平面的上半部分，电导率效应与直径效应和相对磁导率效应的分离效果较好。

表面效应由下式表达；

$$J_x=J_0\mathrm{e}^{-x(\pi f\mu\sigma)^{1/2}} \tag{6-48}$$

式中　J_x——距表面 x 处的电流密度，A/m^2；

J_0——表面电流密度，A/m^2；

f——探测频率，Hz；

σ——电导率，电阻率的倒数，S/m；

μ——磁导率，H/m。

标准透入深度 δ 为涡流密度下降到表面密度 J_0 的 1/e 倍，即 36.8% J_0 时的深度，可由下式导出：

$$\delta=(\pi f\mu\sigma)^{-1/2} \tag{6-49}$$

涡流场透入金属表面下时，相对于表面涡流的相位发生滞后。在厚度无限的材料内，相位滞后随深度增加而线性增加，即：

$$\theta=x/\delta \tag{6-50}$$

式中　θ——滞后相位，rad；

x——到表面距离，m；

δ——标准透入深度，m。

对于铁磁性材料，探头附近的区域要加以磁饱和处理，当相对磁导率达到 1.0 时作为非磁性材料处理。一般采用直流磁饱和装置；对于形状复杂零件，要达到磁饱和非常困难，这时可用外部电磁铁或大型永久磁铁帮助达到磁饱和。

2. 检测过程与装置

当缺陷能干扰涡流流动时，会引起线圈阻抗的变化。由于涡流流动方向平行于线圈绕线方向，因而选择线圈类型时应注意避免出现线圈绕线方向与缺陷走向平行的情况。仪器的校准以及缺陷信号分析等一般在电磁特性及几何形状与被检件相同的校准标准（对比试块）上进行。

在检测过程中，必须正确选择探测频率，频率过高不能探出近表面缺陷，频率过低则灵敏度降低。检测非铁磁性圆柱体材料表面裂纹时，最佳频率比 f/f_g 应在 10 ~ 50；检验表面下裂纹时，最佳频率比 f/f_g 应在 4 ~ 20；要分离铁磁性圆柱体的裂缝效应和直径效应，其最佳频率比 f/f_g 小于 10；检验薄壁管裂纹时，频率比 f/f_g 应选在 0.4 ~ 2.4。探测频率选取亦可参考下列两个经验公式。

管子探测频率（kHz）可由下式计算：

$$f = 3\rho/t^2 \tag{6-51}$$

式中　ρ——管材电阻率，μQ/cm；

　　t——管壁厚度，mm。

用表面探头探测板材，则：

$$f = 1.6\rho/t^2 \tag{6-52}$$

涡流探伤适用于导电管材、线材及薄壁零件的表面与近表面缺陷的检测，可检验出裂纹、气孔及夹杂物等缺陷。

涡流探伤操作简便，探头与零件不要求很好的贴合，检测速度高。

涡流探伤是间接测量，需要参考标准。对于零件检测可能出现的假象，必须仔细分析，并进行材料分选等。

三、实验设备和材料

磁粉探伤仪（1 台）、渗透探伤仪（1 台）、涡流探伤仪（1 台）、实验试样(3 块/组，共 6 组)。

四、实验内容与步骤

将学生分为 6 个小组，按组领取实验试样，每组学生对试样进行缺陷检测。

（1）用磁粉探伤仪检测，要求：

1）用标准试样进行测试，调整参数；

2）检测待测试样，手绘缺陷大小、位置。

（2）用渗透探伤仪进行缺陷检测，要求：

1）仔细清洗、刷涂待测试样表面；

2）对待测试样施加渗透剂，测量缺陷大小、位置。

（3）用涡流探伤仪进行缺陷检测，要求：

1）用标准试样进行测试，调整参数（归零）；

2）检测待测试样，对比图、表分析缺陷大小并标明位置。

五、实验报告

(1) 简述表层缺陷检测实验目的。
(2) 简述了解的表层缺陷检测设备名称及用途。
(3) 讨论磁粉探伤、渗透探伤、涡流探伤检测的实验方法。
(4) 画出表层缺陷组织示意图，指出其大小、位置。

六、思考题

(1) 常用的材料表层缺陷检测方法有哪些？说明各自的特点及应用范围。
(2) 钢中表层缺陷类别、分布不同时对缺陷图像及检测灵敏度有何影响？

实验二十九 无损检测缺陷新技术

一、实验目的

(1) 认识无损检测缺陷新技术。
(2) 了解测试法的原理与过程。

二、实验原理

无损检测缺陷的其他方法与新技术测试法，见表6-15。

表6-15 无损检测缺陷的其他方法与新技术

检测方法	检测原理	应用范围或典型用例	优点	缺点
中子射线照相	物质对中子的吸收与对X射线或γ射线的吸收不同，轻元素如氢、锂、硼、镉、铀、钚等具有高中子吸收能力，而大多数金属对中子吸收能力较低	厚钢件中原子量小的夹杂物或成分、装料及填充度方面的缺陷及黏结结构质量等的检测。用例：航空和宇航中燃料的装填情况，核技术中检查燃料元件、蜂窝结构的黏结质量等	可作为X射线或γ射线的补充，透视更厚的工件，永久记录	设备昂贵，人员技术要求高，辐射危害大
高能射线探伤	加速器产生的高能射线与普通X射线相比，能量更高、穿透力更强	与普通X射线探伤类似	能对厚钢件探伤，直线加速器输出射线穿透力可达50～600 mm	使用电子感应加速器或直线加速器，设备复杂，一次性投资大

续表 6-15

检测方法	检测原理	应用范围或典型用例	优点	缺点
射线层析照相	X（或γ）射线以不同的透射角度探查试样，原则上要在各个断面以不同角度做大量的吸收检测，测得的结果存储在计算机里，然后根据图像重组原理由计算机运算处理进行三维显示或恢复截面的二维图像	与射线照相法相比，能重现任一截面的图像，能进行缺陷尺寸位置及取向等的精确测定。用例：零件显微疏松分布和局部疏松的严重程度，不规则空心零件内腔几何形状尺寸及内含物的测定等	缺陷的高精度测定，可保持透视方向的深度信息，计算机控制图像显示，提高了密度分辨率，消除了重叠影像	在材料领域尚属试验阶段，未普遍应用，设备昂贵，对人员技术要求很高
光学全息法	通过一束参考光束和一束被摄物体上的反射光束在感光旋片上叠加产生干涉图像（全息图），参考光束与反射光束都是从相干性极好的激光束分离出来的；当一束与原参考光束相同的激光透过这一全息图时，再现物体图像；全息法用于无损检测时一般要通过机械的、热的或其他的方式使试件变形从而影响表面形状；通过全息图研究表面形状的改变，从而判断材料内部状况	裂纹、层裂、未黏合、孔洞与夹杂物及塑性变形等的检测；特别适用于蜂窝结构或复合材料、大件的黏结缺陷与焊接缺陷的检测（在缺陷定量分析等方面的应用研究在发展中）	能用于几乎任何固体材料，一般不受试件尺寸与几何形状的限制，不需与被测件直接接触，一般不需特殊制备表面与涂覆，永久记录，检测灵敏	一般限于做差动试验，即比较试件对两种不同程度应力或激励的响应；要求试件在受外力改变表面形状以表现缺陷时，不产生刚性移动或损坏，因而对试件厚度有所限制；必须对试件及加载源设计并提供夹具，难以辨别缺陷类型，费用高，人员技术水平要求高
超声全息法	不用光波而用超声波形成相应的缺陷全息图，并用激光加以再现；分为液面声全息术与扫描声全息术（采用电子相位探测以产生全息图，无须参考束换能器）两种形式	可检测缺陷类型与超声波探伤相同，适用于复合材料层压制品、蜂窝结构、金属、塑料及陶瓷等	产生（再现）可观察的缺陷图像，不需研究全息底片；扫描声全息法灵敏度高，能准确测定缺陷位置与大小	费用高，目前尚限于小型部件，比射线照相法清晰度差

续表 6-15

检测方法	检 测 原 理	应用范围或典型用例	优　　点	缺　　点
声发射测试法	材料受外力作用时，其内部缺陷的存在或微观结构的不均匀等会导致局部应力集中、造成不稳定的应力分布，在这种不稳定的高能状态过渡到稳定的低能状态的过程中，一部分以应力波形式快速释放的弹性能即声发射，使用探头收听、检测材料	裂纹、层裂与脱接等缺陷的检测，焊接过程及形变断裂过程的监控，压力容器、受力构件等结构完整性的无损评价等	过程的遥控与连续监视，裂纹的动态探查，易于自动化，设备轻便，永久性记录，检测灵敏	检测时必须对被检件施加应力或使工件处于工作状态；不能反映静态缺陷情况；需滤除噪声，塑性材料声发射幅值低，工件几何形状对检测结果影响大
红外测试法	任何物体在绝对零度以上时都有红外线辐射。有缺陷处表面温度、热导率等异常，从而导致红外辐射功率异常，通过对放检件在空间上和时间上辐射功率变化的测定，检测材料缺陷	复合材料夹层缺陷、蜂窝结构等的检测，热工装置中的热点和冷点检测，受力过程、疲劳损伤过程等的无损监测	非接触、实时检测，红外热成像技术产生可见的热图	费用高，热发射率控制较困难，过程的红外无损监控应用研究在发展中
微波测试法	采用波长为 0.1 ~ 100 cm 的电磁波，对于塑料、陶瓷、木材、纤维、橡胶等，容易穿透和传播；对于金属材料，穿透深度仅几微米；能与肉眼可见的物体发生相互作用，即发生反射、散射等；利用这种现象检测材料内部缺陷，有反射法与穿透法两种方法	非金属材料中裂纹、多孔和夹杂物等的检测，金属表面裂纹的检测，水分含量的测定及厚度测定等（检测方法与应用研究在发展中）	微波探头不必紧贴在试件上，易于自动操作、快速检测	分辨率差，试件几何形状对检测影响大，不能穿透金属

三、实验内容

将学生分组，参观中子射线照相、高能射线探伤、射线层析照相、光学全息法、超声全息法、声发射测试法、红外测试法、微波测试法（其中，确保 3 ~ 4 个测试实验内容）无损检测实验。

四、注意事项

（1）在参观性实验前要认真做好预习。
（2）在参观性实验中要认真做好记录。

五、实验报告

（1）简述无损检测缺陷实验目的。
（2）简述了解的无损缺陷检测设备名称及用途。

实验三十　零件热处理质量及材料的无损检测

一、实验目的

（1）认识零件热处理质量及材料的无损检测方法。

（2）了解热处理零件硬度、表面硬化层深度、力学性能、显微组织的无损检测、监控的原理、方法与过程。

二、实验原理

（一）热处理零件硬度的无损检测

1. 电磁法

（1）剩磁法。铁磁材料磁滞特性不仅与材料磁特性有关，还取决于零件的退磁系数，总是小于材料固有剩磁（B_2）。零件饱和磁化后去磁时，仅剩磁量与零件硬度存在一定对应关系，因此，可通过测量剩磁计算零件硬度。测量剩余磁场方法如下：

1）冲击法。零件饱和磁化后与测量线圈做相对运动，测量线圈两端基于电磁感应产生与剩余磁场成比例的感应电势，故可用冲击检流计测得剩磁。

2）测磁法。用检测元件测量剩余磁场空间中某一固定位置的磁场强度或相邻两点的场强差值，场强差测量能去除外界干扰因素的影响。

剩磁法检测仪器轻便，操作迅速简单，灵敏度高，适用于铁磁材料，可测微弱磁场；但需要有各种具体条件下的标准试块，不适用于单件小批检验。

（2）矫顽力法。钢件及一些合金件磁化矫顽力与硬度存在着线性的对应关系，而且与零件形状、尺寸无关，因此可通过测量矫顽力得到硬度。测量矫顽力方法如下：

1）直流矫顽力法。零件饱和磁化后去掉磁化电流，通入反向电流去磁（剩磁），记录磁通计输出为零时的去磁电流（I_c）。

磁通势为：

$$F_c = L_c n \tag{6-53}$$

式中 n——去磁线圈匝数。

已知电磁铁磁化后，磁通势与矫顽力的关系为：

$$F_c = H_{co} L_c + H_{cn} L_n \tag{6-54}$$

式中 H_{co}——电磁铁矫顽力，A/m；

L_c——电磁铁内磁路长度，m；

H_{cn}——所测材料矫顽力，A/m；

L_n——所测材料内磁路长度，m。

检测时必须使磁通透入深度大于表面脱碳层深度，电磁铁应选择磁导率高、矫顽力小、磁性稳定的软磁材料。为了提高测量灵敏度，应使透入磁通在材料内的磁路长度适当增加。当矫顽力与剩余磁场成比例时，可通过测量剩余磁场得到矫顽力，从而得到硬度。

点极磁场测量大型零件硬度，零件在点极局部磁化时，点极剩余磁场与该点矫顽力仍成正比。

心部组织对表面硬度测量值的影响如图 6-3 所示。图 6-4 所示为大电流励磁测量的 F_e 值与心部硬度的关系，由于磁通透入较深，F_e 值能较准确地反映心部组织性能。

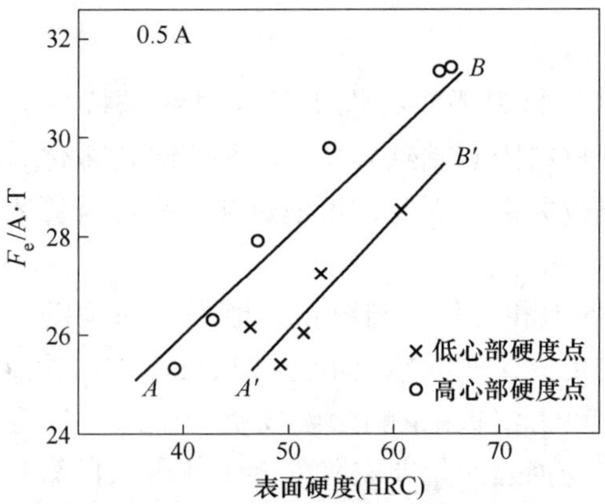

图 6-3 F_e 值与表面硬度的关系

（30 号钢 630 mm × 300 mm 试样、气体渗碳 + 盐浴淬火）

2）交流矫顽力法。交流矫顽力法仪表直读式测量装置如图 6-5 所示，仪表指示与矫顽力成正比，可用比较标准零件和被检零件交流矫顽力差值的方法检查硬度。交流磁化时，由于表面效应，磁通透入深度较直流磁化时浅得多，降低频率可使透入深度增加。矫顽力法只适用于铁磁材料，应用特点基本同“剩磁法”。

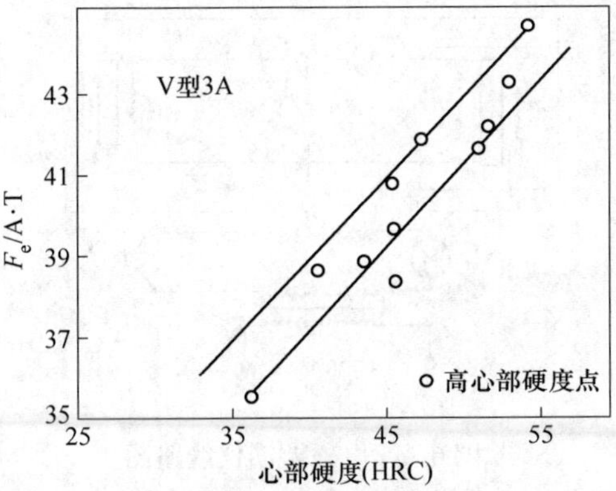

图 6-4　F_e 值与心部硬度关系

（试样及处理条件同图 6-3）

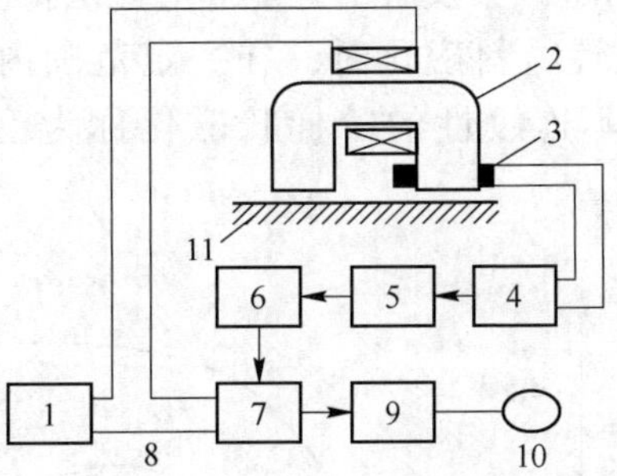

图 6-5　交流矫顽力法测量装置（仪表直读式测定器）图

1—频率发生器（改变磁化场频率）；2—电磁铁（交流磁化）；3—磁通检测线圈；4—积分电路（得到与磁通成比例电压）；5—方波整形回路；6—脉冲整形回路；7—门脉冲输出电路（输出与励磁电流成比例的电压）；8—电阻；9—整流放大回路；10—仪表指示；11—被检工件

3）磁导率法。零件置于具有初级、次级绕组的线圈中，初级线圈通交流电，零件就会磁化。当零件状态尺寸及磁化场强度不变时，次级感应电压的输出与零件磁导率成正比，而磁导率与硬度存在着一定的对应关系。

实际应用中都采用差动法，即硬度已知的标准零件和被测零件的磁导率进行比较。图 6-6 所示为检测装置图，次级绕组的差动输出表示两个零件的硬度差值。

磁导率法仅适用硬磁材料，应用特点与“剩磁法”相同，零件形状与大小、应力状态及热处理等对测量结果影响大。

4）高次谐波法。铁磁性零件置于具有初级、次级绕组的线圈中，次级感应

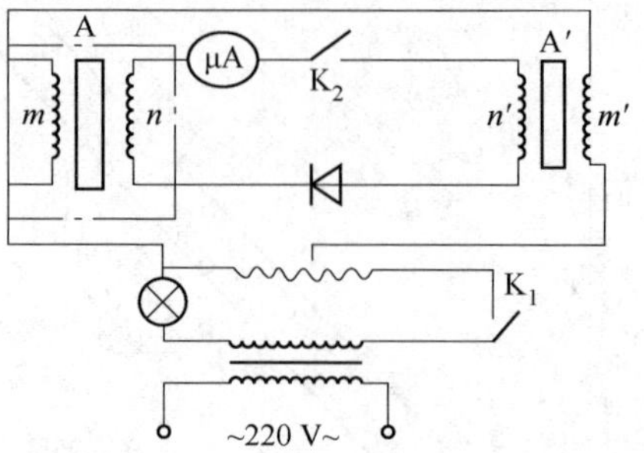

图 6-6 电磁差动仪线路图

K_1—电源开关；K_2—静动开关；m，m'—磁化线图（40.6 mm，800 匝）；

n，n'—测量线圈（ϕ12 mm，500 匝）；A，A′—核检零件与标准零件

电压的高次谐波分量与硬度有一定的对应关系，三次谐波幅度与表面硬度间有一定的对应关系。工艺、冶金因素及心部性能等对此法检测结果影响较小。

5）磁噪声法。铁磁性材料磁化时，在一定范围内磁通密度随磁场强度的非连续性跳跃变化——不连续性的阶梯状磁化称为巴克豪森效应，如图 6-7 所示。

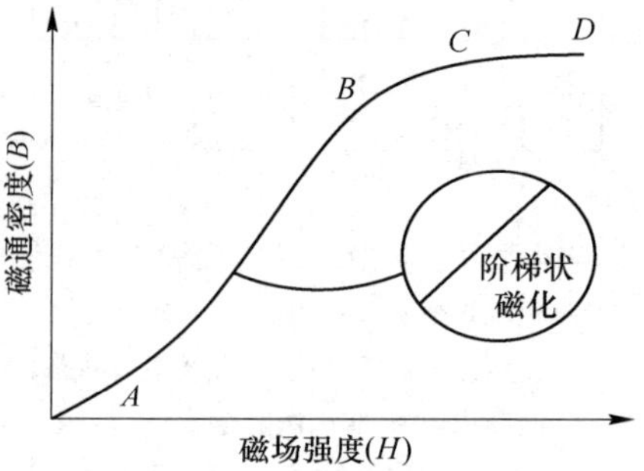

图 6-7 巴克豪森效应的说明

巴克豪森效应取决于材料组织结构及应力状态等。当其他条件一定时，磁噪声级（感应线圈对巴克豪森效应所得的指示）与硬度存在着如下关系：硬度越高，磁噪声级越低。磁噪声法灵敏度高，但测量精度受材料组织结构、成分及应力状态等的影响。

6）涡流法。零件置于通交流电线圈中感应出涡流，线圈阻抗发生变化。对于钢铁材料，阻抗变化主要受磁导率影响；对于非磁性材料，主要受电导率影响。磁导率、电导率均与材料硬度有关。

图 6-8 所示为采用桥臂比较方法的涡流测硬度装置（磁 Q 仪）原理图，使用时调整平衡控制，使空线圈的输入在示波器上显示水平线。线圈中放入相同材料、相同尺寸零件时，波形近似正弦波。调整位相选择装置，使比标准零件软的零件波峰向上、比标准零件硬的零件波峰向下，波形幅值高度与零件硬度对应。

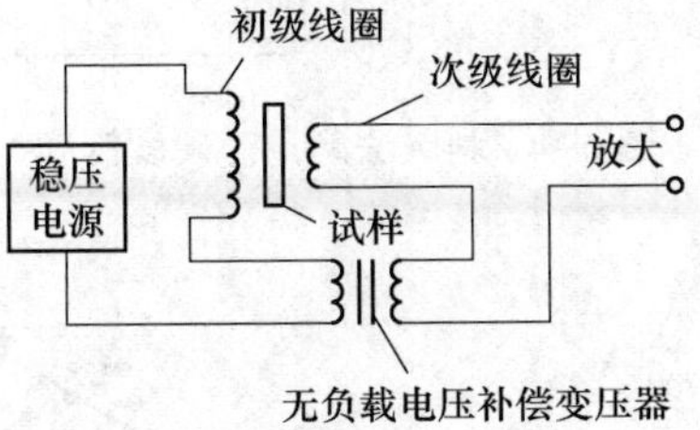

图 6-8　涡流法检测硬度装置（磁 Q 仪）原理图

涡流法检测铸件硬度时，应清洗、除锈。

涡流法检测硬度只适用于导电材料。涡流法操作简单，仪器轻便，便于自动检测。涡流法检测需标准试块，零件形状、尺寸及表面应力状态均影响测量结果。

2. 超声波法

（1）谐振频率法。超声波传感器杆的谐振频率随压头与零件表面接触面积增加而增高，在负荷及材料弹性模量一定时，此接触面积取决于材料表面硬度。谐振频率法适用于金属及非金属材料，操作简单，仪器轻便，便于自动检测，需要标准试块。

（2）声速法。某些材料的硬度与声速存在着近似的线性关系，通过测定超声波声速可以检测零件硬度，声速法检测硬度应用特点同“谐振频率法”。

（二）表面硬化层深度的无损检测

基于零件表面硬化区与心部组织电磁性质的差异，可用电磁法测定零件表面硬化层深度。电磁法检测硬化层深度的装置及方法与检测硬度的装置及方法类似，以下列举其应用。

1. 剩磁法

图 6-9 所示为剩磁法检测 15 号钢渗碳淬火件时，淬硬层深度与剩余磁场的关系；图 6-10 所示为剩磁法（点极探头）检测气门盖时，淬硬层深度与剩余磁场的关系。

2. 矫顽力法

矫顽力法测定硬化层深度，磁路模型中增加了表面硬化层，磁通势

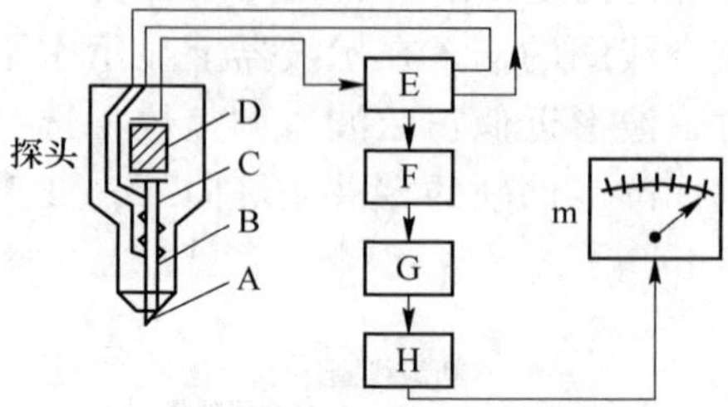

图 6-9　剩磁法测量淬硬度深度

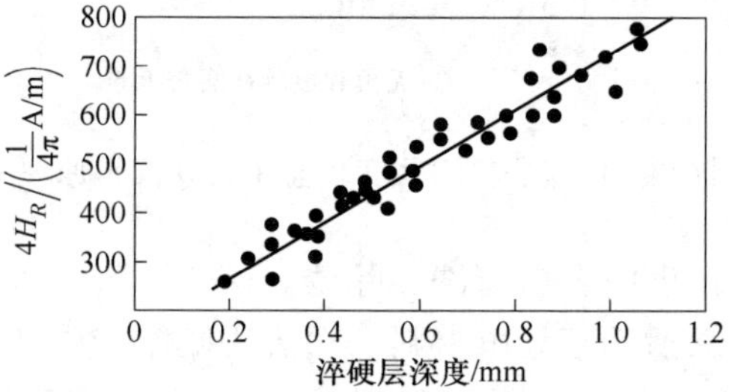

图 6-10　剩磁法测量气门盖淬硬层深度

（16 号钢，ϕ400 mm 圆棒，900 ℃渗碳，800 ℃水淬）

（安·匝）与矫顽力的关系为：

$$F_c = 2H_{cm}d + H_{cn}L_n + L_0 \tag{6-55}$$

式中　H_{cm}——表面硬化层中矫顽力，A/m；

H_{cn}——未淬火部分矫顽力，A/m；

d——淬硬层深度，m；

L_n——未淬火部分磁路长度，m；

L_0——电磁铁内磁路长度，m。

当使用相同的电磁铁时，H_{co}、L_0 是常数；对相同材料进行表面硬化处理，并用相同磁场磁化的 H_{cm}、H_{cn} 及 L_n 定位，这时磁通势 F_c 与淬硬层深度为直线关系。

测定表面硬化层深度时，磁通透入深度较重要。直流磁化可以检查较大深度，交流磁化只可检测 10 μm 以下深度。用 60 Hz 的交流电流磁化，磁通透入深度为 2.3 mm，测定更深硬化层时应使用 1 Hz 以下频率。

3. 涡流法

涡流法是根据不同硬化层深度具有不同比电阻的特性，通过对金属表层电导率的测定确定无磁钢渗氮层深度的。电导率测定与检测频率关系很大，最佳检测频率应根据涡流透入深度和检测对象确定。

4. 超声波散射回波法

利用淬硬层与基体金属的晶粒度及相状态不同造成的超声波散射回波检测硬化层深度。超声波测硬化层深度时，其频率应高于超声波探伤频率。

（三）热处理零件力学性能、显微组织的无损检测及监控

超声波在材料中的传播速度与材料的弹性模量及密度等有关。测定声速并通过力学性能测试与显微组织分析等，建立检测对象声速与力学性能或组织形态的关系曲线，以曲线为依据，通过声速测定即可实现被检零件力学性能与组织形态等的无损检测。

超声波共振频率亦与材料弹性模量等有关，形状相同、性能类似的铸件共振频率接近，因此可通过测量超声波共振频率检测材料的有关性能。

超声波衰减系数（α）由两部分组成：

$$\alpha = \alpha_a + \alpha_s \tag{6-56}$$

式中　α_a——吸收衰减系数；

α_s——散射衰减系数，与晶粒平均直径（$\overline{D}$）及超声波频率（f）的关系见表6-16。

表6-16　超声波散射衰减系数与晶粒平均直径的关系

$\lambda/\overline{D}$	散射机制	α_a 正比
$>2\pi$	瑞利散射	$\overline{D}^3 f^4$
$1\sim2\pi$	随机散射	$\overline{D} f^2$
<1	漫散射	$\overline{D}^{-1}$

应尽可能选择 α_a 远大于 α_s 的条件检测晶粒度。

利用底波高度衰减分贝法检测晶粒度时，按下式计算材质超声衰减系数（dB/mm），即：

$$\alpha = \frac{K_{P(m-n)} - 20g\,\dfrac{m}{n}}{2(m-n)} \tag{6-57}$$

式中　m，n——正整数，分别表示第 m、n 次底波；

$K_{P(m-n)}$——第 m、n 次底波高度差的分贝值，dB。

超声表面波发生角（临界角）由表面波在材质中的传播速度决定，因而可通过表面波发生角的测定来检测与表面波传播速度有关的材质性能，亦可用电磁法检测力学性能。

材料受力发生变形和断裂的过程中产生的能量变化将导致材料表面温度和温度场的变化，采用红外测温技术即可非接触地、实时地监测这种温度变化。红外

热成像技术可将红外信息转换成人眼可观察的图像，从而检测材料受力过程中力学行为的变化。

金属材料形变过程、断裂过程及疲劳损伤过程等的红外无损检测技术的应用研究正在发展中。

表达黑体辐射功率密度与温度关系的普朗克（Plank）公式为：

$$W_\lambda = \frac{C_1}{\lambda^5 \left(e^{\frac{C_2}{\lambda T}} - 1\right)} \tag{6-58}$$

式中 W_λ——光谱辐射功率密度，W/(cm² · μm²)；

λ——辐射波长，μm；

T——绝对温度，K；

C_1——第一辐射常数，3.742×10^{-16} W · m²；

C_2——第二辐射常数，1.4388×10^{-2} W · K。

灰体的斯特藩-玻耳兹曼（Stefan-Boltzman）公式为：

$$W = \varepsilon \sigma T^4 \tag{6-59}$$

式中 W——单位面积灰体发出的红外辐射功率，W/m²；

ε——比辐射率；

σ——斯特藩-玻耳兹曼常数，$\sigma = 5.67 \times 10^{-8}$ W/(m² · K⁴)；

T——绝对温度，K。

声发射测试是力学性能评价、受力过程与工艺过程等的无损检测及构件结构完整性无损评价的重要手段。

声发生事件累计数（N）与应力场强度因子（K）之间的关系为：

$$N = AK^n \tag{6-60}$$

式中 A，n——与材料及断裂机理有关的系数。

影响声发射信号强度的因素见表6-17，金属塑性变形的声发射特性见表6-18，热处理过程声发射概况见表6-19。

表6-17 影响声发射信号强度的因素

	材料结构	铸造结构	锻造结构
影响因素	材料强度	高	低
	应变速率	高	低
	性能方向性	各向异性	各向同性
	材料均匀性	不均匀	均匀
	断面尺寸	厚	薄
	孪生状况	孪生	非孪生

续表 6-17

	断裂类型	解理型	剪切型
影响因素	温度	高	低
	材料缺陷	有	无
	相交	马氏体型	扩散型
	形变与断裂	裂纹扩展	范性形变
	晶粒度	粗	细
	复合材料	纤维断裂	树脂断裂
	材料辐射状况	辐射过	未辐射过
声发射信号幅值		高	低

表 6-18　金属塑性变形的声发射特性

类型		声发射种类	产 生 原 因	材　料	图　形
1	1a 1b	连续， 连续＋突发	变形带形成和传播，珠光体中的碳化物破坏	工业纯铁，片层状珠光体组织的碳钢	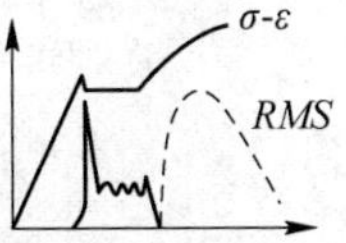
2	2a 2b	连续突发	均匀变形孪晶	面心立方金属	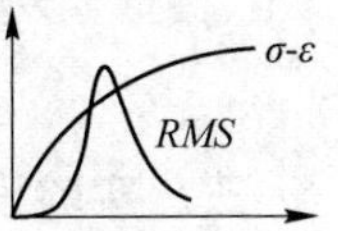
3	—	连续	2 型＋变形带的形成和传播	$AlMg_3$，$CuZnMg_3$，高温下的碳钢，Ni 合金	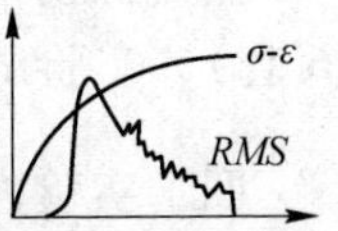
4	4a 4b	连续	2 型＋显微均匀变形	2024 和 7075 铝合金	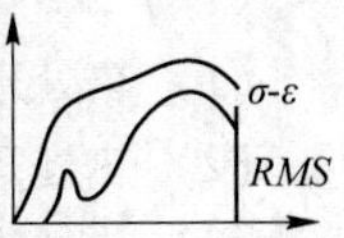
5	—	突发	滑移距离极短	完全热处理的细晶粒钢，冷加工金属，奥氏体钢	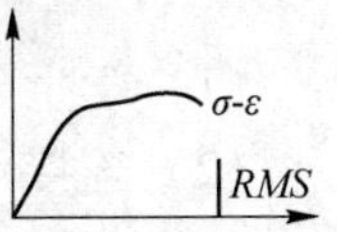

表 6-19 热处理过程声发射概况

项 目	热处理过程	声发射信号
焊接/淬火	马氏体形成	(A)
	形变	(B)
	产生内应力	(—)
	形成微裂纹	(A)/(B)
回火/退火	沉淀硬化	(—)
	内应力减少	(A)
	偏析	(—)
	残余奥氏体转变	(—)
	形变	(B)
	形成微裂纹	(A)/(B)
背景噪声	机械噪声	(A)/(B)
	液体噪声	(B)
	形成气泡	(A)/(B)
	氧化层内裂纹	(A)
	氧化皮开裂	(A)

注：(A) 突发型；(B) 连续型；(—) 无信号。

三、实验设备和材料

涡流探伤仪（1 台）、超声波分析仪（1 台）、磁性探伤仪（1 台）、示波器（6 套）、实验试样（3 块/组，共 6 组）。

四、实验内容与步骤

（一）检测内容

（1）热处理零件硬度的无损检测。

（2）热处理零件表面硬化层深度的无损检测。

（3）热处理零件力学性能、显微组织的无损检测以及过程的无损监控。

（二）检测步骤

（1）学生分为 6 个小组，按组领取实验试样。

（2）连接示波器，调整参数。

（3）用标准试样进行测试。

（4）检测待测试样，分析、计算检测结果和缺陷大小及位置。

五、注意事项

（1）实验中认真做好记录。
（2）实验中应注意操作安全。

六、实验报告

（1）简述零件热处理质量及材料的无损检测实验目的。
（2）简述了解的零件热处理质量及材料的无损检测设备名称及用途。
（3）简述对零件热处理质量及材料试样进行无损检测并讨论。
（4）写出检测报告，并对材料状态、热处理质量做出评估。

参考文献

[1] 葛利玲. 材料科学与工程基础实验教程 [M]. 北京：机械工业出版社，2008.

[2] 刘云旭. 金属热处理原理 [M]. 3版. 北京：机械工业出版社，1999.

[3] 杨顺贞. 工程材料实践教程 [M]. 北京：机械工业出版社，2011.

[4] 周玉，武高辉. 材料分析测试技术 [M]. 2版. 哈尔滨：哈尔滨工业大学出版社，2021.

[5] 潘清林. 材料近代分析测试实验教程 [M]. 北京：冶金工业出版社，2011.

[6] 盖登宇，侯乐干，丁明惠. 材料科学与工程基础实验教程 [M]. 哈尔滨：哈尔滨工程大学出版社，2012.

[7] 王文先. 焊接结构 [M]. 北京：化学工业出版社，2012.

[8] 李喜孟. 无损检测 [M]. 北京：机械工业出版社，2018.

[9] 贺文雄. 焊接工艺及应用 [M]. 北京：国防工业出版社，2010.

[10] 刘春玲. 焊工实用手册 [M]. 安徽：安徽科学技术出版社，2009.

[11]《熔模铸造手册》编委会. 熔模铸造手册 [M]. 北京：机械工业出版社，2000.

[12] 傅建，彭必友. 材料成型过程数值模拟 [M]. 北京：化学工业出版社，2009.

[13] 郑世才. 射线检测 [M]. 2版. 北京：机械工业出版社，1997.

[14] 无损检测学会. 磁粉探伤 [M]. 北京：机械工业出版社，1996.

[15] 蒋危平，方京. 超声检测学 [M]. 北京：机械工业出版社，2003.

[16] 夏纪真，宋锡林. 超声射线磁粉探伤实用手册 [M]. 北京：机械工业出版社，2002.

[17] 上海材料研究所. 国内无损检测标准汇编 [M]. 北京：机械工业出版社，1999.

[18] 无损检测学会. 渗透检验 [M]. 北京：机械工业出版社，2000.

[19] [美] 美国金属学会. 无损检测与质量控制 [M]. 北京：机械工业出版社，2004.

[20] 方志成. 无损检测自动化与信息处理 [M]. 北京：机械工业出版社，2000.